LAPHROAIG® DISTILLERY

Global Manufacturing Team 2023

Cask 1 of 2

당신의 취향을 찾아주는 위스키 안내서

# 위스키디아

누구에게나 취향이 있습니다. 좋아하는 음악, 커피, 취미 그게 무엇이든 자신을 간접적으로 가장 잘 드러내는 것이 바로 취향이죠. 다양한 장르의 취향이 모여 한 사람의 삶을 빚어냅니다. 저에게는 위스키라는 장르가 어느새 깊숙이 스며들었습니다.

위스키는 누군가의 취향과 문화를 엿볼 수 있는 즐거움을 제공합니다. 독일 유학 시절 접하게 된 바bar 문화는 위스키와 인연을 맺게 해주었고, 이제는 일상의 많은 시간을 함께 보내고 있습니다. 국내에 하이볼이 안착한 것처럼 위스키도 단순한 유행이 아닌 하나의 문화로 자리를 잡아가고 있는 듯합니다.

처음 피트 위스키를 마셨을 때의 강렬함을 아직도 잊을 수 없습니다. 타다 남은 숯 한 덩이를 통째로 삼킨 느낌이었으니까요. 단순히 그게 끝이었다면 지금, 이 글을 쓰고 있지도 않았을 것입니다. 입안에서 탄 맛이 베일을 벗고 오묘한 과일 풍미가 올라오는 순간 느꼈습니다. '내게 이제 새로운 취향이 생겼구나.'

위스키와의 인연은 저를 스코틀랜드의 아일라섬으로 이끌었습니다. 내친김에 하이랜드와 스페이사이드 지역까지 둘러봤죠. 일본이나 국내 증류소들도 예외 없이 방문했습니다. 다양한 취재원과 만나고, 마스터 블렌더들과 인연을 맺으며 위스키에 대한 궁금증과 갈증을 조금씩 해소할 수 있었습니다. 물론 여전히 모르는 게 더 많지만 이제 막 위스키에 관심을 두기 시작한 사람들을 위해 애정과 지식을 나누고 싶었습니다. 그렇게 중앙일간지 최초의 위스키 전문 코너인 〈위스키디아〉가 만들어졌고, 많은 관심 덕분에 이제는 책으로도 함께하게 되었습니다.

위스키를 처음 접하면 모든 게 복잡하고 어렵게 느껴질 수 있습니다. 그래서 이 책에서는 위스키의 기초 지식부터 역사, 문화, 브랜드 이야기 그리고 최신 흐름까지 최대한 쉽게 풀어내고자 했습니다. 위스키 입문자부터 심도 있는 정보를 찾는 애호가들까지 모두가 즐길 수 있는 책이 되기를 바랍니다.

위스키를 마시는 것은 단순히 술을 마시는 것이 아닙니다. 그 한 잔에는 오랜 시간 쌓여온 역사와 사람들의 열정 그리고 다양한 문화가 녹아 있습니다. 저는 위스키 속에 담긴 이야기를 좇고, 그 안에서 취향을 찾는 과정을 즐깁니다. 위스키는 무조건 비싸고 유명하다고 다 맛있는 게 아닙니다. 아무리 비싼 위스키도 자신의 취향이 아니라면 그 의미가 퇴색되기 마련입니다. 나에게 맞는, 나만의 위스키를 찾는 것이 더욱 중요합니다. 이 책을 통해 독자 여러분도 자신만의 위스키를 찾아가는 여정을 즐기시길 바랍니다.

위스키의 세계는 끝없이 넓고, 그 깊이도 무궁무진합니다. 제가 경험한 수많은 위스키에 대한 지식과 생각을 이 책에 가감 없이 담았습니다. 위스키에 대해 조금 더 알고 마신다면, 그 맛과 즐거움이 배가 될 것입니다. 이 책이 여러분의 위스키 여정에 작은 길잡이가 되기를 바라며, 그 여정에서 자신만의 취향을 발견하고 위스키의 매력을 만끽하시길 기원합니다.

2024년 10월, 김지호

# Contents

## Part 1

/

# 나
# 위스키 좋아하네?

Part 2
/
# 스카치위스키를 만든
# 결정적 사건들

# Contents

Part 3

/

# 평생 단 하나의 위스키만
# 마셔야 한다면

**Part 4**

/

# 위스키의 영혼을 빚어내는
# 오크통의 비밀

Part 1

/

나
위스키
좋아하네?

# 나
## 위스키 좋아하네?

◆———◆

처음부터 이럴 생각은 아니었습니다. 옷장이 술장으로 변했습니다. 사고 마시고 비우고, 또 사고 마시고 비우고. 어느 순간 마시는 속도가 사는 속도를 따라가지 못하게 되었습니다. 어느 날 잠깐 정신 차리고 술병을 세어보니 100병이 넘었습니다. 조심스럽게 옷장을 다시 닫았습니다.

회사 입사 후 소맥만 주야장천 말았습니다. 갓 입사한 신입 사원이 말면 얼마나 맛있겠습니까. 엉망이었습니다. 맛없게 말아진 술은 스스로 해결했습니다. 다음 날 숙취는 덤. 5년 차가 넘어가니 주변에서 마실만하다는 평을 받았고 10년 차 때는 너도나도 말아 달라고 잔을 들이밀더군요. 앉은뱅이 술을 제조하는 연금술사가 됐습니다. 다 좋은데 다음 날 숙취는 견딜 수가 없었습니다. 전날 밤에 좀 놀았다고 이렇게까지 고통받을 일인

필자의 옷장 모습. 옷장이 술장이 됐다.

가. 머리 안 아프고 맛있는 술은 없는 걸까? 그때 발견했습니다. 위스키를.


## 생각보다 간단한 위스키 재료


숙취의 원인은 독소 성분인 아세트알데하이드가 신경을 자극하고 두통과 메스꺼움을 유발하기 때문입니다. 소주나 맥주가 한두 잔으로 끝날까요? 한 잔이 두 잔이 되고 결국 술이 술을 먹게 됩니다. 숙취는 본인이 마신 알코올의 총량에 비례하지요.

일반적으로 국내에서 유통되는 위스키 한 병에 담긴 양은 700밀리리터입니다. 미국의 경우 750밀리리터, 몰트 바에서 손님들에게 제공되는 위스키 한 잔의 양은 30밀리리터입니다. 병당 대략 스물셋에서 스물네 잔이 나옵니다. 위스키는 알코올 도수가 최소 40도 이상입니다. 두세 잔, 많게는 다섯 잔이면 적당히 기분이 좋습니다. 소맥처럼 들이붓는 것도 아니니 숙취도 없는 편입니다. 와인은 따면 하루 이틀 안에 다 마셔야 합니다. 위스키는 한두 잔만 마시고 뚜껑 닫고 일 년 뒤에 마셔도 무방하죠. 이쯤 되면 다른 술에 비해 가성비가 좋을 지경입니다.

위스키 제조에 필요한 재료는 생각보다 간단합니다. 곡물, 물, 효모 그리고 오크통이 전부입니다. 곡물을 발효해서 증류한 뒤 오크통에 넣어 숙성하면 그게 바로 위스키입니다. 즉 맥주를 증류해 숙성하면 위스키가 됩니다.

# 여섯 번째 감각을 일깨운 '라프로익 10년'

평소 위스키에 대한 개념만 있었지 즐기진 않았습니다. 본격적으로 위스키에 빠지게 된 계기는 '라프로익 10년'입니다. 인간의 혀는 오미五味라고 불리는 다섯 가지 맛을 느낍니다. 단맛, 짠맛, 신맛, 쓴맛 그리고 매운맛. 라프로익은 '혀에 여섯 번째 맛을 느끼는 부분이 있나?'라는 착각을 불러일으켰습니다.

라프로익을 입에 댔던 첫 잔의 기억이 아직도 선명합니다. 지사제인 정로환과 소독약 맛이 뒤엉켜 혼란스러웠습니다. 향에서는 병원 냄새가 나고 입안은 재로 변했습니다. 심지어 장작 맛은 다음 날 아침까지 숨에서 느껴졌습니다. 그런데 이게 묘하게 좋았습니다. 증류소 슬로건도 'Love it or Hate it'입니다. 슬로건처럼 이 술에 대한 호불호는 극명하게 갈립니다. 지금은 이 맛에 삽니다.

라프로익은 게일어로 '드넓은 만의 아름다운 습지'를 의미합니다. 1815년 설립된 라프로익 증류소는 위스키 성지로 불리는 스코틀랜드 아일라 섬에 있습니다. 이 지역 위스키의 핵심은 '피트Peat'입니다. 피트는 '석탄'이되지 못한, 습지에 축적된 풀이나 이끼 등의 퇴적물인 '이탄'을 말합니다. 석탄이 되기 전 단계라고 생각하면 이해하기가 쉽지요. 피트는 일반 석탄 연료와 다르게 수분이 많기 때문에 젖은 장작을 태울 때처럼 오래 타고 연기도 많이 납니다. 이때 발생하는 연기로 보리를 건조하면 피트 특유의 풍미가 배어 소독약이나 요오드, 정로환 같은 풍미를 느낄 수 있습니다. 사실 따지고 보면 위스키는 한때 의약품으로 취급됐습니다. 실제로 미국

라프로익 증류소의 숙성고.

라프로익 땅문서. 라프로익 제품을 구매하면 증류소 부지 중 1제곱피트의 땅문서를 받을 수 있다.

에서 금주법이 발효되던 시절, 스코틀랜드가 '의약품' 라벨을 달고 미국으로 위스키를 수출했지요. 당시 세관원들도 피트 위스키 맛을 보고 이것이 의약품이라고 판단했을 것입니다.

한 가지 재미있는 점은 라프로익 제품을 구매하면 증류소 부지 중 1제곱피트(30×30센티미터)의 땅문서를 받을 수 있다는 것입니다. 위스키 케이스 안에는 아일라섬 여권이라고 적힌 종이가 들어 있고, 종이 안에 있는 일련번호를 라프로익 홈페이지에 등록하면 구글맵에서도 검색할 수 있는 증류소의 땅 주인이 됩니다. 그렇다고 여기서 내 소유권을 주장하거나 임대료를 높이는 행위는 불가능합니다. 연간 임대료는 증류소 방문 시 제공되는 위스키 한 잔. 일종의 마케팅이지만 라프로익 증류소가 내 땅을 빌려 쓰는 셈이지요.

위스키를 '양주洋酒'라고 많이 불렀습니다. 반은 맞고 반은 틀립니다. 양주란 사전적인 의미로 '서양에서 제조한 술', 증류주를 통틀어 일컫는 말입니다. 지금처럼 서양 주류 문화가 익숙하지 않던 시절 주종을 구분하지 않고 뭉뚱그려 표현한 것이지요. 일반적으로 진, 보드카, 테킬라, 위스키,

브랜디, 럼 등을 모두 양주라고 부릅니다. 모든 위스키는 양주지만, 모든 양주가 위스키는 아닙니다.

위스키, 참 맛있고 재미있습니다. 혼자만 알기는 아쉬워 지금부터 여러분의 취향을 찾는 데 참고가 될만한 정보를 공유하려고 합니다. 취향을 찾아가는 지름길을 한 번쯤 이용해보는 것도 괜찮지 않을까요?

# 모르면 엉뚱한 술 산다…
## 스카치위스키 라벨 읽는 법

•━━━•

"주류 매장을 몇 바퀴 돌아보는 동안 비행기 탑승 시간이 다가왔어. 내가 분명히 '일본에서 꼭 사야 하는 위스키 목록'을 보고 왔거든? 근데 하나도 생각이 안 나는 거야. 그래서 그 매장에서 제일 멋있게 한자가 휘갈겨진 술병을 하나 집은 거거든. 딱 봐도 좋은 술 같지 않냐?"

최근 일본에 다녀온 친구가 위스키를 하나 사 왔다고 사람들을 불러 모았습니다. 뒤늦게 위스키 열풍에 합류한 친구가 한국에 돌아오기 직전 '요즘은 재패니즈 위스키가 대세!'라는 말을 기억해낸 것이지요. 그가 자랑스럽게 내민 것은 일본의 고급 사케인 '닷사이'. 위스키를 사 왔다고 생각했는데 사케로 둔갑한 술을 보며 당황하는 모습이 애잔했습니다. 그날의 사케는 맛있었지만, 위스키를 마시겠다는 본래 취지와는 방향성이 살짝 달

라벨은 일종의 신분증과 같다. 전부 알 수는 없지만 꽤 다양한 정보를 담고 있다.

라졌습니다.

위스키는 그 종류가 다양하고 원산지와 재료에 따라 이름도 바뀌니 헷갈리는 경우가 많습니다. 저 역시 엉뚱한 술을 사서 울며 겨자 먹기로 마시거나 여기저기 나눠준 적이 많습니다. 그래서 핵심만 추렸습니다.

## 가장 기본적인 스카치위스키 라벨 읽는 법

스카치위스키는 의무적으로 위스키의 상표, 종류, 용량, 도수를 표기해야 합니다. 그 외 선택적으로 숙성 연수, 오크통의 종류, 색소 첨가 여부 등을 표기합니다. 증류소들은 판매에 조금이라도 도움이 될만한 정보는 매우 구체적으로 표기하고, 그렇지 않을 경우 규정에 따라 최소한으로 넣기도 합니다. 왼쪽의 라벨은 라프로익 10년 숙성 캐스크 스트렝스 제품입니다. 번호 순서대로 살펴보겠습니다.

## 1. 가장 큰 글씨

높은 확률로 가장 굵고 큰 글씨가 증류소 이름입니다. 본인들의 아이덴티티인 만큼 안 보이는 곳에 숨기진 않습니다. 증류소의 이름과 브랜드가 파악됐다면, 병에 담긴 위스키의 특징을 예측해볼 수가 있겠지요. 예를 들어 라프로익 증류소의 경우 피트의 요오드나 병원 향을 상상해볼 수가 있겠습니다.

## 2. 위스키의 종류와 용량

증류소 이름을 찾았다면 근처에 생산 국가나 지역, 위스키의 종류가 표기돼 있을 겁니다. 스코틀랜드에서 생산된 위스키면 스카치위스키, 그 외 다른 나라에서 만들었다면 해당 국가 이름이 쓰여 있습니다. 또 단일 증류소에서 100퍼센트 맥아만 사용해서 만든 싱글 몰트위스키인지, 곡물로 만든 그레인위스키인지, 싱글 몰트를 섞은 블렌디드 위스키인지 파악할 수 있습니다. 보통 용량은 라벨 하단부에 작은 글씨로 리터ℓ나 센티리터ᶜᴸ 또는 밀리리터㎖로 표기돼 있습니다.

## 3. 숙성 연수

위스키 병에 큼지막하게 적힌 숫자는 숙성 기간을 나타냅니다. 위스키는 오크통에서만 숙성이 진행되고 병입되는 순간 중단됩니다. 마트에서 구매한 12년 숙성된 위스키를 신줏단지 모시듯 오래 보관한다고 20년이 되진 않습니다. 숫자가 없는 제품들은 숙성 연수 미표기No Age Statement, 줄여서 나스NAS라고 부릅니다. 스카치위스키 규정상 3년 이상 숙성을 원칙으로 해서 나스NAS 제품도 최소 3년은 숙성됐다고 보면 됩니다. 간혹 몇년 산과 숙성의 차이를 헷갈리는 분들이 있습니다. 몇 년 산은 와인에서 빈티지 용어로 사용되는 개념인데 위스키는 별도로 빈티지를 표기하지 않은 이상 숙성 연수를 표기했다고 보면 됩니다. 여기서 라프로익 10년은 오크통에서 위스키를 10년 동안 숙성했다는 의미입니다.

## 4. 알코올 도수와 캐스크 스트렝스

높은 도수에 혀가 절여진 분들은, 최종 병입 과정에서 위스키에 물을 탔는지가 매우 중요할 겁니다. 라벨에 캐스크 스트렝스Cask Strength라는 글귀가 보이면 위스키 원액에 물을 섞지 않았다는 이야기입니다. 알코올 도수가 40~48도로 딱 떨어지는 위스키들은 원액을 물로 희석해서 도수를 맞춘 것입니다. 반면 캐스크 스트렝스 제품들은 위스키 원액 그대로 알코올 도수 50~60도 전후로 병입되며 캐스크마다 도수가 조금씩 달라서 숫자가 균일하지 않습니다.

## 5. 오크통의 종류와 크기

위스키 맛의 70퍼센트 이상은 오크통에 의해 결정된다고 봐도 됩니다. 따라서 오크통에 대한 정보는 눈여겨볼 필요가 있습니다. 다만 이 정보는, 앞 장 라프로익 10년 제품 라벨에도 표기되지 않은 것처럼 증류소의 선택 사항입니다. 오크통의 크기를 알려주는 용어들은 혹스헤드Hogshead, 쿼터 캐스크Quater Cask, 셰리 버트Sherry Butt 등이 있습니다. 오크통의 크기는 위스키 원액의 증발량, 숙성 속도 등 전반적인 맛에 영향을 줍니다. 오크통이 클수록 증발량이 적고, 위스키가 나무와 닿는 면적이 작아서 오랜 숙성이 필요합니다. 대신 숙성 기간이 길어질수록 위스키는 더 복합적인 풍미를 자아냅니다. 반대로 오크통이 작을수록 증발량이 많고, 위스키와 나무 간의 상호 작용이 활발하므로 숙성 속도가 빨라집니다. 그만큼 오크통의 영향을 많이 받아 진한 맛이 우러납니다. 대표적으로 대만의 카발란 증류소, 국내 쓰리소사이어티스와 김창수 위스키가 빠른 숙성 속도로 다양한 시도를 하고 있습니다.


## 6. 색소와 냉각 여과

라벨에 '내추럴 컬러Natural Color', '넌 컬러드Non Coloured' 같은 문구가 없다면, 색소 사용을 의심해도 됩니다. 보기 좋은 떡이 먹기도 좋다는 말이 있습니다. 호박색 위스키라면 누구나 입맛을 다시듯 증류소도 이런 소비자들의 심리를 잘 아는 모양입니다. 스웨덴이나 독일은 색소 포함 여부를 라벨에 표기해야 합니다. 하지만 스코틀랜드에서는 의무 사항이 아니기 때문에 굳이 불필요한 사실을 밝힐 필요가 없습니다. 위스키 마니아들 사

라프로익 10년 숙성 캐스크 스트렝스 제품 뒤쪽 라벨. 라벨 하단에 'Mit Farbstoff'라는 문구가 보인다. 독일어로 '색소 포함'을 의미한다. 독일은 색소 포함 여부를 라벨에 표기해야 한다.

이에서는 색소가 불매로 이어질 수 있는 요인 중 하나입니다. 위스키 색이 좀 옅더라도 내추럴 컬러가 자연스럽고 심리적 안정감을 준다고 합니다. 보기에 예쁘다고 맛도 좋은 건 아닙니다.

혹시 위스키 병 바닥에 부유물이 떠다니는 걸 본 적 있나요? 놀라지 마세요. 이것은 위스키의 풍미를 만들어주는 지방산과 에스터 등이 응고되어 생성된 물질입니다. 특히 추운 날 위스키 색이 탁해 보이기도 하는데 이것을 '헤이즈Haze 현상'이라고 합니다. 가끔 불량으로 오해하는 사람들이 있는데 인체에 해가 없으니 안심하고 마셔도 됩니다. 몇몇 증류소들은 술이 탁해지는 현상을 방지하기 위해 냉각 여과를 거치는데 이 공법을 칠필터링Chill Filtering이라고 합니다. 이 과정을 거치게 되면 아무리 추운 날씨에도 깔끔하고 선명한 위스키 상태를 유지할 수 있게 됩니다. 하지만 최근 들어 제조 과정에서 생성된 물질들도 고유한 위스키 맛의 일부라는 인

스프링뱅크 증류소의 캐스크 스트렝스 제품. 뒷면 라벨에 인위적인 색소를 첨가하지 않았고 냉각 여과 과정을 거치지 않았다는 내용이 표기돼 있다.

식이 강해져, 냉각 여과를 거치지 않은 언칠 필터드Un-Chill Filtered를 선호하는 추세입니다. 냉각 여과 여부는 제조 과정의 차이일 뿐 뭐가 더 좋고 나쁜지는 따지기 어렵습니다.

위스키 라벨은 신분증과 같습니다. 전부 알 수는 없지만 다양한 정보를 담고 있기 때문이죠. 항목별로 방대한 우주가 담겨 있어 라벨의 간단한 구성에 대해서만 다뤄봤습니다. 라벨만 꼼꼼히 읽어도 어디서 어떻게 만들어졌고 어떤 맛일지 예측할 수 있습니다. 불필요하게 엉뚱한 술로 지갑이 얇아지는 일도 줄일 수 있습니다. 이제 당당하게 주류 숍에 들어가서 위스키 라벨을 읽어보면 어떨까요? 위스키는 알고 마시는 게 더 재미있고 맛있습니다.

# 눈 뜨고 마시면 4만 원,
# 가리고 마시면 40만 원
# 갓성비 위스키

◆——◆——◆

위스키를 좋아하는 사람들끼리 모이면 빠질 수 없는 놀이가 하나 있습니다. 바로 '블라인드 테이스팅'입니다. 아무런 정보 없이 위스키의 맛을 보고 증류소, 숙성 연수, 오크통, 알코올 도수 등을 맞히는 테스트입니다. 평소 위스키를 잘 알고 좋아하는 사람들도 진실을 마주하는 이 순간만큼은 마음을 졸이게 됩니다. 본인이 그동안 쌓아온 경험이 부정당하는 기분을 느낄 수도 있기 때문입니다.

어느 저녁, 필자를 포함한 다섯 사람이 연신 코를 잔에 박고 킁킁대기 시작했습니다. 한참 동안 집중해서 냄새를 맡고 맛을 보며 메모장에 써 내려갔습니다. 아무런 정보 없이 잔에 담긴 여섯 가지 위스키. 가격대는 4만 원부터 70만 원까지. 일반적으로 블라인드 테이스팅은 불투명 잔을 사용

정보 없이 병에 담긴 여섯 가지의 위스키. 가격대는 4만 원부터 70만 원까지.

합니다. 색깔만으로도 어떤 오크통을 사용했는지 유추할 수 있기 때문입니다. 하지만 이렇게까지 안 해도 충분히 어렵기 때문에 그냥 투명 잔으로 진행했습니다.

위스키 전문가가 아닌 이상 모든 정답을 맞히기는 어렵습니다. 어떤 오크통을 썼는지 대략적인 방향성만 찾아도 반은 성공한 것입니다. 블라인드 테이스팅은 변수도 많습니다. 똑같은 위스키로 실험해도 결과가 매번 다를 수 있지요. 몸의 컨디션이나 구강 상태, 분위기, 위스키의 보관 상태 등에 따라 맛이 달라지기 때문입니다. 그때는 맞고 지금은 틀릴 수 있습니다.

정답이 공개되자 몇몇 참가자 얼굴에 패색이 짙게 깔렸습니다. 제대로 한 방 먹은 표정입니다. 여섯 가지 위스키 중 가장 저렴한 위스키가 상위

70년대 출시된 조니워커 레드, 블랙 그리고 2000년대 이후 출시된 조니워커 블랙.

권을 차지했습니다. 하지만 이내 모두가 밝은 표정으로 입을 모아 외칩니다. "역시 조니워커 블랙!"


## 1초에 여덟 병씩 팔리는 위스키

조니워커는 전 세계적으로 가장 많이 팔리는 위스키입니다. 2022년 기준 2,270만 상자가 팔렸습니다. 병으로만 따지면 2억 2,400만 병. 1초에 여덟 병 이상 판매된 셈입니다. 조니워커의 창시자인 존 워커John Walker는 1805년 농부의 아들로 태어났습니다. 존은 10대 때 아버지를 잃고 유산으로 스코틀랜드 남서부 킬마녹의 식료품점을 물려받아 운영하게 됩니다. 당시 어린 존은 다양한 홍차를 섞어서 판매했는데 이게 훗날 블렌딩 기술의 밑거름이 되어줍니다.

1823년에는 주세법이 개정되고 증류주에 대한 세금이 완화되면서 위스키 산업이 새로운 국면을 맞게 됩니다. 그러나 산업 초기 위스키에 대한 정확한 규정이 불분명했던 탓에 밀주가 성행하고, 싱글 몰트의 품질이 고르지 못했습니다. 싱글 몰트위스키란 100퍼센트 보리를 원료로 단일 증류소에서 생산한 위스키를 말합니다. 블렌디드 몰트위스키는 싱글 몰트위스키만으로 블렌딩한 것입니다. 존 워커는 바로 이점에 착안해 맛이 균일할 수 있도록 여러 가지 위스키를 블렌딩하기 시작했는데 이때 탄생한 게 '워커스 킬마녹 위스키Walker's Kilmarnock Whisky'입니다.

유명 삽화가인 톰 브라운이 점심 식사 중에 그린 스트라이딩 맨. ⓒ디아지오

조니워커의 황금기는 1857년 존 워커가 세상을 떠나고 아들 알렉산더 워커Alexander Walker가 가업을 이어받은 후 시작됩니다. 1860년 블렌디드 위스키 유통이 합법화되면서 현재 조니워커 블랙의 전신인 '올드 하이랜드 위스키Old Highland Whisky'가 출시됐습니다. 알렉산더가 블렌딩 외에 특히 공을 들였던 부분은 유통 방식이었습니다. 19세기에는 기차나 배가 주요 운송 수단이었는데 원형 병들은 이리저리 굴러다니면서 파손율이 높았습니다. 이를 보완하기 위해 고안해낸 게 사각 병입니다. 적재도 편리하고 공간 활용도 좋았지요. 사선으로 20도 기울어진 라벨도 이때 만들어졌는데, 고객들이 멀리서도 조니워커를 한눈에 알아볼 수 있도록 한 것입니다.

1908년 당시 유명 삽화가인 톰 브라운Tom Browne이 점심 식사 중 알렉산더 워커 2세에게 그림을 하나 건네주었습니다. 모자를 비스듬히 쓰고, 한 손에 지팡이를 든 영국 신사의 모습이었습니다. 그림 속 주인공은 조니워커의 창업주인 존 워커. 이때 알렉산더 워커 2세는 '1820년에 탄생해 계속 나아가고 있다.'라는 뜻의 'Born 1820, Going Striding.'이라는 말을 남기고 그림을 조니워커에 적용하게 됩니다. 창립자이자 할아버지인 존

2000년대 이후 왼쪽을 향하던 스트라이딩 맨이 걷는 방향을 오른쪽으로 바꾼다. 1970년대 출시된 조니워커 레드와 2000년대 이후 출시된 조니 워커 블랙.

워커의 개척 정신을 잘 담고 있다고 판단해서였습니다. 조니워커의 슬로건, '끊임없는 도전Keep Walking'을 상징하는 '스트라이딩 맨Striding Man'이 탄생한 순간입니다. 2000년대 이후, 원래는 왼쪽을 향해 걷던 스트라이딩 맨이 방향을 바꾸게 됩니다. 이는 조니워커의 변화와 혁신이 되었습니다. 전통을 향해 걷던 스트라이딩 맨이 미래와 진보를 상징하는 오른쪽으로 방향을 바꾼 것이지요.

## 레드, 블랙, 블루… 맛에 따라 일곱 가지로

1909년 알렉산더 워커 2세는 위스키 맛을 라벨 컬러로 구분 지어 판매하기 시작합니다. 당시 문맹률이 높은 것을 감안해 누구나 쉽게 식별하고 인지할 수 있는 컬러를 라벨에 적용한 것입니다. 이때 탄생한 게 조니워커 레드와 블랙입니다. 조니워커는 1920년대에 이미 120개 나라에 위스키를 수출할 정도로 큰 성공을 거두었습니다. 한 가지 흥미로운 점은 당시 판매 기록에 대한민국도 포함돼 있다는 것입니다. 우리나라와 조니워커의 인연이 100년을 넘은 것이지요.

시중에 판매 중인 조니워커 종류는 총 일곱 가지. 가격 순서대로 레드, 블랙, 더블 블랙, 그린, 골드, 18년, 그리고 블루가 있습니다. 그린 빼고는 전부 블렌디드 위스키입니다. 조니워커의 가장 고급 라인인 블루는 1992년 마스터 블렌더 짐 베버리지Jim Beveridge에 의해 탄생합니다. 우리나라에서 발렌타인과 함께 명절 선물로 가장 많이 거래되는 제품이기도 합니다. 아버지의 술장을 열어보면 어딘가에 한 병쯤은 있을 것입니다.

블렌디드 위스키에 냉혹한 싱글 몰트 마니아들도 조니워커 블루 앞에서는 마음이 살짝 녹게 됩니다. 맛이 부드럽고 좋기 때문입니다. 조니워커 블루는 비록 구체적인 숙성 연도 표기가 없는 나스NAS 제품이지만 적게는 15년에서 60년 이상 숙성된 원액들도 들어가 있다고 합니다. 스카치위스키는 숙성 연수가 가장 낮은 원액을 기준으로 연도를 표시합니다. 15년 된 원액과 60년 된 원액을 블렌딩해 만들었다면 15년이란 이름으로 출시해야 합니다. 조니워커 블루가 숙성 연도를 표기하지 않는 이유도 이와 관련이 있을 것입니다. 60년 된 원액을 쓰고도 15년으로 출시해야 하는 셈이니, 야심 차게 만들었는데 영 폼이 안 나서 그냥 나스NAS로 출시했을 가능성이 있는 것이죠.

## 돌고 돌아 조니 블랙

블라인드 테이스팅을 마친 참가자들은 저마다 한마디씩 합니다. "역시 돌고 돌아 조니 블랙.", "4만 원대에 이 정도 수준 위스키가 있었나?", "황 당하지만 인정할 수밖에 없다." 등 다양했습니다. 조니워커 블랙은 주류 숍, 대형 마트는 물론 편의점에서도 구매할 수 있을 만큼 접근성도 좋습 니다. 조니워커 블랙은 12년 이상 숙성된 몰트 40여 가지를 블렌딩한 위 스키로 싱글 몰트위스키처럼 개성이 뚜렷진 않지만, 스모키한 바닐라 와 청사과 등의 맛이 꽤 조화롭습니다. 도수는 40도. 높은 도수에 혀가 절 여진 위스키 마니아들에게는 다소 밍밍하게 느껴질 수도 있지만 꼭 한 번 씩 되돌아보게 되는 위스키입니다. 그만큼 밸런스도 좋고 편안하게 마실 수 있습니다.

위스키는 개인의 취향과 직결되는 영역이라 늘 추천이 조심스럽습니 다. 자칫 잘못하면 입문은커녕 위스키에 대한 흥미가 떨어질 수도 있기 때문입니다. 처음부터 비싼 술을 마실 필요는 없습니다. 다만 너무 엉터 리 같은 술은 잘못된 선입견을 심어줄 수 있으니 조니워커로 시작해보면 어떨까요? 위스키 애호가인 무라카미 하루키도 말했습니다. "돈이 얼마 없는데 위스키를 한잔하고 싶다면 조니워커 블랙이야."

# 위스키 '원샷'해도 되나요?
# 풍미 느낄 수 있는 네 가지 음용법

◆——◆——◆

"야, 좋은 술 있으면 좀 꺼내봐!"

지인들과의 술자리가 무르익을 무렵 들려오는 우레와 같은 목소리. 좋은 술은 좋은 사람들과 나눠 마셔야 의미가 있기에, '옷장'에서 고심 끝에 나름 귀한 위스키 한 병을 꺼내왔습니다. 평소 궁금했던 터라 이때다 싶어 생색 좀 내려고, 냅다 병목을 비틀었습니다.

'둘둘둘' 잔에 술을 따라 나눠주는데, 옆에서 누가 턱을 천장으로 치켜들고 목을 뒤로 젖힙니다. '좋은 술'을 원하던 형님이 위스키를 원샷한 것입니다. 순간 정적이 흘렀지만, 목 넘김이 좋다는 넉살에 금세 호응하는 분위기로 바뀌었습니다. 이날 유난히 술잔 비워내는 속도가 빨랐던 그는 남들보다 이른 시간에 소파에 누웠습니다.

위스키를 마시는 방법에 정답은 없습니다. 취향대로 맛있게 즐겼다면 그게 맞습니다. 하지만 위스키는 그 종류에 따라 향과 맛, 여운이 제각기 달라 복합적인 풍미를 느껴보는 즐거움이 있습니다. 그렇게 생각하면 원샷은 조금 아쉽습니다. 한 잔으로 짧게는 10분, 길게는 30분까지 즐길 수 있는 게 위스키입니다. 시간에 따라 바뀌는 맛과 향을 느껴보는 재미도 있습니다. 지금부터 위스키를 즐기는 대표적인 음용법 네 가지를 알아보겠습니다.

## 니트

니트Neat는 위스키를 얼음 없이 원액 그대로의 상태로 마시는 것을 뜻합니다. 가장 권장되는 음용법으로 위스키의 풍미를 온전히 느낄 수 있는 방법이지요. 먼저 노징 글라스를 준비하고, 위스키를 15~30밀리리터 정도 따라줍니다. 노징 글라스는 튤립 형태의 잔으로 위스키의 향을 모아주는 역할을 합니다. 잔을 들어 눈으로 색을 확인하고 조심스럽게 돌려가며 알코올을 공기와 접촉시킵니다. 이 과정을 '스월링Swirling'이라고 부르는데 위스키의 향이 더 빠르게 피어나도록 돕는 과정입니다. 이때 위스키가 잔을 타고 흘러내리는 모습을 '레그Leg' 또는 '눈물Tears'이라고 부릅니다. 레그가 흘러내리는 속도는 위스키가 가진 보디감과 관련이 있습니다. 알코올 도수가 높을수록 보디감이 무거워 레그의 떨어지는 속도가 느리고, 반대로 빠르면 보디감이 가벼워 도수가 낮다고 추측해볼 수 있습니다. 이를

니트는 가장 권장되는 음용법으로 위스키 풍미를 온전히 느낄 수 있다.

'마란고니 효과Marangoni Effect'라고도 부르는데 액체의 표면 장력이 낮은 곳에서 높은 곳으로 이동하는 현상을 말합니다.

　다음은 조심스럽게 코를 잔에 박고 향을 맡습니다. 처음부터 코를 너무 깊게 박으면 강한 알코올 도수에 후각이 마비될 수 있으니, 적당한 거리 조절이 필요합니다. 향을 맡을 때 양쪽 콧구멍을 전부 사용하는 게 좋습니다. 양쪽 귀도 성능이 다르듯 콧구멍도 향을 느끼는 게 조금씩 다릅니다. 이 과정에 익숙해지면 코가 알코올 향을 걷어내고 위스키 속에 담긴 다양한 향을 맡을 수 있게 됩니다. 흔히 바닐라나 꽃, 과일, 초콜릿 등의 노트들이 나타납니다.

위스키가 잔을 타고 흘러내리는 모습을 '레그 또는 눈물'이라고 부른다. 레그의 흘러내리는 속도는 위스키가 지닌 보디감과 관련이 있다.

이제 마음의 준비가 됐다면 위스키를 살포시 입안으로 흘려보낼 차례입니다. 술을 가볍게 한 모금 물고 혀에 올려 골고루 입안에 펴 바릅니다. 바로 꿀꺽 삼키면 서운하니, 곡물 씹듯이 오물오물 씹어 먹는 것을 추천합니다. 이때 들숨과 날숨 사이, 비강에서 느껴지는 잔향도 즐기면 재미있습니다. 여기서 시원하게 카우보이처럼 원샷해버리면 터프해 보이긴 하겠지만, 지금까지 한 모든 행위가 무의미해집니다. 물론 잘못됐다는 것은 아니지만, 지금은 제대로 위스키의 맛을 탐닉하기 위한 과정입니다. 어떤가요, 맛이 좀 느껴지나요?

온더록은 얼음이 자연스럽게 녹으면서 위스키와 희석돼, 높은 도수의 위스키가 부담스러운 입문자들에게 추천하는 방법이다. ©icepro

## 온더록

온더록On the Rock은 위스키를 얼음과 함께 즐기는 방법입니다. 온더록은 냉장 기술이 없던 시절, 스코틀랜드인들이 계곡에 있는 돌을 잔에 넣어 위스키를 차갑게 즐기면서 시작됐다고 합니다. 가끔 언더락으로 헷갈려하는 분들이 있는데, 말 그대로 '바위 위에'를 의미하는 'On the Rock'입니다. 이는 얼음이 자연스럽게 녹으면서 위스키와 희석돼, 높은 도수의 위스키가 부담스러운 입문자들에게 추천하는 음용법입니다. 다만 얼음을 넣으면 위스키의 온도가 내려가서 향을 즐기기 어려워져 개인적으로 권장하지 않습니다. 다만 블렌디드 위스키를 마실 때는 특유의 안 좋은 향들을 억제할 수 있어 긍정적인 효과를 기대할 수도 있습니다.


## 위스키 앤 워터

위스키 앤 워터Whisky and Water는 위스키의 도수가 너무 높다고 판단될 때, 실온의 물을 섞어 도수를 낮춰 마시는 방법입니다. 일반적으로 티스 푼으로 물을 두세 방울 정도 떨어트려 응축돼 있던 알코올을 풀어주는 방식입니다. 취향에 따라 물을 많이 넣어도 상관없지만, 향이 가장 잘 느껴지는 도수가 35도 안팎이기 때문에 1대1 이하의 비율을 추천합니다.

무조건 높은 도수의 원액만 고집할 필요는 없습니다. 남들 눈치 보며 주눅들 필요 없습니다. 적당량의 물은 잠들어 있던 원액의 잠재력을 극대화하기도 합니다. 개인적으로 추천하는 위스키의 도수는 46~48도 사이. 적당한 알코올의 타격감과 볼륨감 그리고 맛을 느끼기 좋은 도수라고 생각합니다. 자칫 너무 밍밍해지면 위스키를 망칠 수 있으니, 적당히 간을 봐가면서 물을 섞는 것을 권장합니다.


## 스카치 앤 소다

일명 하이볼Highball로 불리는 스카치 앤 소다Scotch and Soda는 위스키에 탄산수를 섞는 방법입니다. 최근 대중적으로 가장 많이 알려진 음용법으로, 얼음을 가득 채운 잔에 위스키를 넣고 탄산수로 희석하는 형태입니다. 통상적으로 위스키 1, 탄산수 4의 비율로 제조되지만, 개인적으로 1대 1의 비율을 선호합니다. 위스키가 두 배로 늘어나는 마법을 경험하실 수 있을 것입니다.

위스키는 작은 변화로 다양한 변주가 가능한 존재입니다. 위스키의 황금 레시피는 각자의 손끝에 달려 있습니다. 저는 니트와 하이볼을 가장 많이 즐깁니다. 여러분의 취향은 무엇인가요?

# 바
## 행동 강령

◆━━━◆

    타고난 손맛과 미각으로 고단한 삶을 위로해주는 사람들이 있습니다. 우리는 이들을 바텐더라고 부릅니다. 밀리리터mL에 따른 맛 차이를 기민하게 감지하고 변주하는 '절대 손맛'을 장착한 사람들. 그들의 절도 있는 얼음 셰이킹Shaking과 스터Stir 그리고 에티켓은 시각적인 즐거움과 청각적인 설렘까지 줍니다. 은은한 조명 아래 화려한 '연금술'이 펼쳐지는 위스키 바Bar 이야기입니다.

    퇴근 후 집에서 좋아하는 음악과 함께 즐기는 위스키도 좋지만, 가끔은 바에서 마시는 술도 매력적입니다. 평소 궁금했던 여러 종류의 술을 마셔볼 수 있는 장점도 있지만, 좋은 사람들과 그 공간이 주는 매력도 큽니다. 바텐더의 가이드를 따라가다 보면 '인생 위스키'를 발견하는 짜릿한 순간을 마주할 수도 있습니다.

몰트 바에서 바텐더들이 칵테일을 제조하고 있다.

## 처음 바에 가면

가끔 바에 대한 막연한 두려움을 가진 분들을 봅니다. 낯선 것에 대한 두려움과 기대감이 공존하고 있어서일까요?

처음 보는 수많은 위스키가 놓여 있는 거대한 백바Backbar에서 오는 중압감, 왠지 격식 있게 차려입고 가야 할 것만 같은 엄숙한 분위기, 무無에 가까운 나의 위스키 지식이 탄로 날까 봐 걱정하는 분들, 막상 어디서부터 뭘 어떻게 해야 할지 어려워하는 분들. 그런 분들을 위해서 준비해봤습니다. '바 행동 강령'.

## 1. 자리 잡기

바에 들어서면 테이블 좌석도 있지만, 이왕이면 바텐더와 마주보는 바 자리를 추천합니다. 쭈뼛쭈뼛 구석진 테이블 자리로 가봤자 소통만 단절 될 뿐입니다. 일반적인 위스키 바라면 착석과 동시에 바텐더가 물과 메뉴 판을 건넵니다. 메뉴판이 없어도 당황하실 필요 없습니다. 궁금한 게 있 다면 바로 물어보면 됩니다. 지금 앞에 서 있는 바텐더는 서비스를 제공 하는 사람이지, 여러분들의 위스키 지식을 테스트하는 사람이 아닙니다.

## 2. 메뉴판 확인

아무리 메뉴판을 넘기고 읽어봐도 막막하고 어려울 수 있습니다. 하지 만 안심해도 됩니다. 메뉴판은 가격 확인만으로 이미 그 소임을 다한 것 입니다. 그래도 설명하자면, 메뉴는 크게 위스키와 칵테일 메뉴로 나뉘고 칵테일은 클래식과 시그니처로 분류됩니다. 클래식은 주로 200년 전부터 세계 전역에 통용된 칵테일을 말하고, 시그니처는 해당 바만의 창작 레시 피라고 생각하면 됩니다. 참고로 바에서 가격을 물어보는 행위는 절대 부 끄럽거나 무례한 일이 아닙니다. 오히려 나의 잔당 최대 예산과 잔 수를 이야기해주면 소통이 더 쉬울 수 있습니다.

## 3. 칵테일 주문하는 법

전반적인 분위기와 메뉴 확인을 마쳤다면, 이제 바텐더에게 말을 걸어 봅시다. 아마 눈빛만으로 이미 의중 파악을 마치고 여러분 앞에 서 있을 지도 모릅니다. 낯선 사람에게 말 걸기가 어려울 수도 있지만, 아주 약간의 용기만 있으면 됩니다. 그래도 떠오르는 말이 없다면 이렇게 하면 됩니다. "처음인데 추천 좀 부탁드립니다." 아이스브레이킹을 마쳤다면, 이제부터 이야기가 쉬워집니다. 바텐더는 최선을 다해 여러분들의 취향을 알아내기 시작할 겁니다. 위스키 혹은 칵테일인지부터 단맛, 신맛, 쓴맛 등의 취향을 물어볼 것입니다. 바텐더는 독심술사가 아니기 때문에 무작정 "아무거나 주세요."는 올바른 소통법이 아닙니다. 팁을 주자면 탄산 유무와 원하는 맛, 알코올 도수만 표현해도 주요 정보는 다 넘긴 겁니다. 이왕 마시는 거, 입맛에 딱 맞는 게 좋지 않을까요?

### 4. 위스키 주문하는 법

일반적으로 위스키는 한 잔에 30밀리리터가 제공되지만, 반만 마시고 싶으면 '하프'라는 개념도 있습니다. 하프는 총량이 15밀리리터로 가격도 절반입니다. 특히 여러 가지 위스키를 맛보고 싶을 때 추천하는 현명한 방법입니다. 위스키를 30밀리리터씩 꽉꽉 채워서 마시면, 어느 순간 혀가 마비돼 맛을 온전히 느끼기 어렵기 때문입니다. 특히 해외 바에서 진귀한 술을 다양하게 맛보고 싶을 때 유용합니다. 한편 가격이 너무 비싸서 부담될 때 맛이라도 보자는 심경으로 하프를 주문하기도 합니다. 간혹 엔트리급의 저렴한 위스키들은 하프가 안 되는 경우도 있으니 미리 확인해보길 바랍니다.

### 5. 술 마시는 법

위스키를 주문하면 보통 튤립 형태의 노징 글라스에 위스키를 내어주

일본 도쿄에 위치한 몰트 바. 다양한 위스키로 선반이 빼곡하다.

고, 그게 칵테일이라면 예쁜 가니시와 함께 술을 건네줄 겁니다. 아마 몇 몇 분들은 이 순간이 위기일지도 모릅니다. 눈앞에 놓인 음료를 어떻게 마셔야 할지 도통 알 수가 없는 상황. 그럴 때는 바텐더를 다시 물끄러미 올려다보면 됩니다. 어쩌면 처음부터 이 순간만을 기다려온 바텐더는 위스키의 종류부터 증류소의 흥망성쇠까지 전부 친절하게 알려줄 겁니다. 참고로 입맛에 안 맞는 음료를 꾹꾹 참아가며 맛있다고 할 필요는 없습니다. 바는 대화를 통해 서로의 간극을 좁히는 장소이기 때문에 안 맞는 부분은 서로 맞춰가면 됩니다. 하지만 추천받은 음료가 맛있었다면 충분히 표현해주세요. 칭찬은 고래도 춤추게 합니다.

## 6. 혼자만의 시간을 보내고 싶을 때

술 사진도 찍고 이래저래 즐기다 보면 자연스럽게 바 분위기에 스며들게 됩니다. 바텐더도 더는 경계의 대상이 아닌 친근한 '선생님'으로 바뀌었을 겁니다. 하지만 대화를 멈추고 오롯이 술에만 집중하고 싶다면, 편안하게 이어폰을 귀에 꽂거나 핸드폰을 조작하면 됩니다. 바텐더도 손님의 사인을 인지하고 다른 업무를 보기 시작할 것입니다. 새로운 음료를 주문하고 싶거나 질문이 있으면 자연스럽게 백바나 바텐더를 응시하시면 됩니다. 각 잡힌 복장과 절도 있는 행동이 가끔 차가워 보일 수도 있지만, 실상은 그 누구보다 술에 진심인 배려 깊은 사람들입니다.

## 7. 좋은 바 고르는 팁

바에 갔는데 "취향껏 고르세요."와 같은 주관식을 요구한다면, 이곳은 경계할 필요가 있습니다. 처음으로 바를 이용하는 손님으로서는 당황스럽고 무시당하는 기분을 느낄 수 있기 때문입니다. 전문가라면 손님에게 객관식으로 취사선택할 수 있게 도움을 줘야 할 것입니다. 또 백바에 술이 너무 듬성듬성 비어 있어도 긍정적인 신호가 아닙니다. 고를 수 있는 선택의 폭이 좁은 것도 문제지만, 백바의 촘촘함은 보통 바텐더의 위스키에 대한 스펙트럼과 비례하는 경우가 많기 때문입니다. 아무래도 경험 많은 바텐더의 추천이 더 좋습니다.

바는 원초적이고 기본적인 대화가 오가는 곳입니다. 상대방을 존중하는 만큼 나도 존중받고, 뻣뻣한 큰손보다 뭉근한 단골이 대접받습니다. 이번 기회에 맛있는 술, 풍류 그리고 사람 냄새가 나는 곳을 경험해보는 건 어떨까요? 문에 들어서는 순간 반은 성공한 셈입니다.

# 소주엔 삼겹살,
# 위스키엔?

◆——◆——◆

우리는 보통 저녁 약속을 잡을 때 뭘 먹을지에 가장 심혈을 기울이지, 어떤 브랜드 소주를 마실지 미리 정하지 않습니다. 음식이 정해진 곳에서 판매하는 주류가 그날의 술이 되는 게 일반적이죠.

소주는 음식과 궁합이 좋습니다. 이렇다 할 개성이 없기 때문입니다. 그냥 '짠'과 함께 시원하게 고개를 꺾어 털어 넣으면 됩니다. 목 끝에서 올라오는 쌉쌀한 피니시는 노릇하게 구워진 삼겹살 한 점이면 깔끔하게 정돈됩니다. 매콤한 안주도 문제없습니다. 얼큰한 찌개 하나면, 그날 저녁은 콧노래 부르면서 집에 갈 수 있습니다. 그런데 위스키는 조금 다릅니다.

위스키는 그 자체로 이미 개성이 강합니다. 이 때문에 쉽사리 페어링할 틈을 주지 않습니다. 위스키의 본질은 맛과 향에서 나옵니다. 그래서

소주를 마셨을 때 올라오는 쌉쌀한 피니시는 노릇하게 구워진 삼겹살 한 점이면 깔끔하게 정돈된다.

다른 음식의 풍미가 위스키 맛을 방해하는 요인이 되기도 합니다. 삼겹살 연기 자욱한 노포에서 위스키를 마신다면 어떨까요? 고기 몇 번 뒤집다 보면 발생하는 매캐한 연기에 위스키 향은 흔적도 찾기 어려울 것입니다.

개성 강한 음식과 어울리긴 더 어렵습니다. 얼큰한 김치찌개나 마라탕에 위스키? 매운맛은 통각에서 옵니다. 입안이 얼얼하고 예민한 상태에서 50도가 넘는 위스키가 혀에 닿는 순간, 진짜 '매운맛'을 경험하게 될 겁니다. 위스키고 뭐고 물부터 찾는 상황이 발생하게 됩니다.

그렇다고 무작정 공복에 꼬르륵거리는 배를 움켜잡고 위스키를 마실 수는 없는 노릇입니다. 배가 든든해야 마음도 편하고 술 마실 때 부담이 없습니다. 가장 이상적인 페어링 방식은 위스키가 가진 고유의 맛과 어울리는 음식을 찾는 것입니다. 페어링은 순수하게 개인 취향의 영역이라 완

석화에 피트 위스키를 부어 마시는 방법.

벽한 조합은 없습니다. 적절한 조합만 있을 뿐이죠. 그래서 제가 집단 지
성으로 얻어낸 결괏값을 지금 공유하려고 합니다.


## 피트 위스키는 바다 먹거리와 함께


　석화의 진한 바다 향과 자연이 겹겹이 쌓아 올린 다채로운 육질 층이
혀에 닿을 때, 피트 위스키 한 모금. 다 먹은 껍데기에 다시 한번 위스키
를 붓고, 남아 있는 굴 즙과 함께 호록 마시는 순간 '마리아주Marriage'가 완
성됩니다. 불어로 결혼을 뜻하는 마리아주는 술과 음식의 궁합을 말합니
다. 개성이 다른 두 장르가 만나 서로가 가진 최상의 퍼포먼스를 끌어내
는 것이지요. 피트의 스모크와 짠맛이 차갑고 탱글탱글한 생굴과 만나면,
장작불에 구운 듯한 훈제 굴 맛을 경험할 수 있게 됩니다. 한편, 굴을 좋

아하는 인물로 알려진 무라카미 하루키도 아일라섬에서 피트 위스키를 석화에 뿌려 마셨다고 합니다.

피트 특유의 풍미는 해산물의 찌릿하고 메탈릭한 비릿함을 말끔하게 잡아줘서 바다에서 나는 먹거리와 궁합이 좋습니다. 특히 기름이 잔뜩 오른 겨울철 대방어는 훌륭한 안주입니다. 두툼하게 썬 방어 한 점을 입에 넣고 씹는 동안, 피트 위스키를 입술 사이로 살짝 흘려보내주면 그 맛이 일품입니다. 자칫 느끼해질 수 있는 입을 담백하고 깔끔하게 정리해줄 것입니다.

값비싼 위스키보다는 탈리스커 10년, 라프로익 10년, 아드벡 10년 등 엔트리급 제품을 추천합니다.


## 셰리 캐스크 위스키에는
## 하몽, 말린 과일, 견과류, 치즈를

셰리 위스키에서 공통으로 느낄 수 있는 노트들이 몇 가지 있습니다. 대표적으로 건포도 등의 말린 과일, 초콜릿, 견과류 등이 이에 해당합니다. 셰리의 기본적인 풍미에서 아이디어를 얻으면 잘못될 일은 없습니다. 특히 셰리와 같은 산지에서 만들어지는 하몽은 거절할 수 없는 제안입니다.

하몽은 소금에 절여 숙성한 돼지 뒷다리를 뜻하며, 등급에 따라 맛과 향이 달라집니다. 그중에서 100퍼센트 도토리만 먹고 자란 이베리코 돼

100% 도토리만 먹고 자란 이베리코 돼지로 만들어진 '베요타' 등급 하몽.

지로 만들어진 '베요타' 등급이 특히 좋습니다. 얇게 카빙된 고기 한 점을 입에 넣는 순간, 눅진한 토마토 맛과 씹을수록 고소한 육질이 입을 즐겁게 할 것입니다. 기름은 혀에서 사르르 녹아 없어집니다. 베요타 등급 특유의 도토리 향도 셰리 위스키와 조화롭습니다. 하몽은 이베리아반도 특유의 무겁고 건조한 기후 특색에 맞춰 부패를 방지하기 위해 만들어졌는데, 주정강화 와인인 셰리도 그 맥락이 비슷합니다. 하몽은 신선도가 중요해서, 당일 현장에서 직접 카빙된 하몽을 추천합니다.

흔히 치즈는 와인과 페어링하는 것으로 알고 있습니다. 하지만 위스키와도 궁합이 괜찮습니다. 파르미지아노 레지아노처럼 딱딱한 치즈는 개성이 강한 싱글 몰트위스키와 어울리고, 크림이나 브리 계열의 부드러운 치즈는 블렌디드 위스키와 함께 먹기 좋습니다. 훈연한 치즈도 시도해보기 좋습니다.

무난한 셰리 캐스크 위스키로 글렌드로낙 12년, 부나하벤 12년, 맥캘란 셰리를 추천합니다. 도수가 너무 밍밍하다 싶으면 캐스크 스트렝스 제품인 탐두 배치 스트렝스나 아벨라워 아부나흐도 괜찮습니다.

## 버번 캐스크 위스키는 달콤한 디저트와 함께

버번 오크통에서 숙성한 위스키는 화사하고 달콤한 과일 노트들이 밑바탕에 깔립니다. 그래서 생과일이나 애플 크럼블 계열의 달콤한 디저트가 잘 어울리는 편입니다. 특히 애플 크럼블의 사과와 바닐라가 위스키의 풍미를 더욱 복합적으로 만들어줍니다. 또 크림 브륄레의 부드럽고 달콤한 질감도 함께 즐기기 좋습니다. 꾸덕꾸덕한 치즈케이크도 열대 과일 맛이 나는 위스키와 잘 어울립니다. '단짠' 조합도 포기할 수 없습니다. 살라미나 햄, 프로슈토 조합도 버번 캐스크 위스키 특유의 눅진한 과일 맛과 조화롭습니다.

추천 위스키로는 로즈아일 12년, 글렌그란트 15년, 글렌카담 15년, 클라이넬리시 14년입니다.

## 버번위스키는 숯불 바비큐 요리와 딱!

옥수수가 주재료인 미국의 버번위스키는 남성스러운 이미지가 있습니다. 향도 강하고 맛도 폭발적입니다. '버번의 전투력은 도수에서 온다.'는 말이 있습니다. 그래서 위스키 애호가들 사이에서는 최소 50도가 넘는 높은 도수의 버번들이 사랑받고 있습니다. 버번은 바닐라, 체리, 견과류 등의 풍미를 지니고 있습니다. 간혹 알코올 향이 너무 강해서 아세톤 향으로 인식하는 분들도 있습니다.

버번에 어울리는 바비큐 요리. 사진은 우대 갈비를 숯불에 굽고 있는 모습.

버번의 터프한 이미지만큼 페어링도 화끈합니다. 특히 숯불에 굽는 바비큐 요리와 궁합이 좋은 편입니다. 버번은 양고기 특유의 잡내를 잡아주고, 돼지 등갈비나 소고기 스테이크의 느끼함을 달콤하게 정리해줍니다. 실제로 미국에서는 버번위스키를 사용한 바비큐 소스들이 끊임없이 출시되고 있습니다. 너무 섬세한 요리는 강한 술맛에 묻힐 수가 있어 추천이 조심스럽습니다.

또 한 가지 궁극의 조합은 버번과 바닐라 아이스크림입니다. 버번의 바닐라 맛과 실제 바닐라 아이스크림의 조합을 경험해본 분들이라면 이미 고개를 끄덕이고 있을 겁니다. 올리브오일을 바닐라 아이스크림 위에 뿌리듯이 쓱 한 바퀴 돌려주면 끝입니다. 카페에서 흔히 맛볼 수 있는 '아포가토'와는 또 다른 재미를 느낄 수 있을 겁니다.

무난하게 바비큐와 잘 어울리는 버번으로 러셀 싱글 배럴, 와일드터키 12년, 와일드터키 레어브리드 정도를 추천합니다.


몰트 바에 가면 단골처럼 깔리는 플레인 크래커와 초콜릿, 견과류 등의 안주가 있습니다. 기본적으로 위스키 향을 해치지 않고, 맛도 자극적이지 않지요. 바에서도 고심 끝에 설정한 기본값이라고 생각합니다. 페어링의 원리는 간단합니다. 성격이 다른 두 캐릭터가 만나, 상호 보완이나 상승효과를 끌어내는 것입니다. 살면서 마음먹은 대로 안 되는 게 더 많은데, 먹고 싶은 것까지 참아가며 술을 마실 일은 아닙니다. 하지만 정말 좋은 위스키를 마실 예정이라면, 미리 배를 채울 것을 추천합니다. 위스키는 오로지 물과 함께 즐기는 게 가장 이상적이라는 것이 저의 의견입니다.

# 더 이상의 혼동은 없다!
# 위스키 분류법

✦━━✦

프리미엄 주류에 관심이 늘면서 연말 모임에 위스키가 빠짐없이 등장하고 있습니다. BYOB<sup>Bring Your Own Bottle</sup>(주류 각자 지참)부터 각종 시음 행사, 개인이 주최하는 소모임까지. 평소 좀 희귀하거나 인기가 많은 위스키가 등장하면 해당 시음회의 매진 속도는 초 단위로 마감됩니다. 식당이나 술집에서도 위스키와 하이볼이 자연스럽게 제공되고 그 수요도 꾸준히 증가하고 있습니다. 삼겹살에 하이볼이라는 말도 더는 낯설지 않습니다. 어쩌면 위스키도 와인처럼 자연스럽게 일상 속으로 스며들고 있는지도 모르겠습니다. 그래서인지 이제 막 관심을 두고 조심스럽게 접근하는 사람들도 늘고 있는 모습입니다. 이번에는 입문자들이 가장 헷갈리는 부분 중 하나인 싱글 몰트위스키와 블렌디드 위스키의 차이점과 분류법에 대해 소개합니다.

THIS STEEL STRUCTURE IS DESIGNED
TO CARRY
**BUTTS WITH BUTTS
STOWED ON TOP**
ERECTED BY
REDPATH BROWN & Co LTD
GLASGOW — 1937

## 스카치위스키의 정의

위스키의 정의는 나라마다 조금씩 다르지만, 대부분 엄격한 규제를 통해 고품질을 유지하고 있는 스카치위스키의 규정을 따르고 있습니다. 이쪽 생태계만 이해하면 나머지는 저절로 터득됩니다. 스카치위스키란, 스코틀랜드에서 당화·발효·증류시켜 최소 3년 이상 오크통에서 숙성을 거친 뒤, 알코올 도수 40도 이상으로 병입된 위스키를 말합니다. 타국에서 똑같이 만들었다고 스카치위스키라고 부를 수 없습니다. 스카치위스키에 대한 법적 정의는 1990년 6월부터 공식적으로 발효됐고, 2009년 11월 스카치위스키의 분류법이 추가로 제정되었습니다.


## 싱글 몰트위스키와 싱글 그레인위스키

스카치위스키는 원료에 따라 몰트위스키와 그레인위스키로 나뉩니다. 위스키 제조에 쓰이는 원료가 100퍼센트 보리면 몰트위스키, 호밀이나 옥수수 등의 곡물을 사용하면 그레인위스키로 분류합니다. 특히 단일 증류소에서 단식 증류기를 사용해 생산된 제품을 싱글 몰트위스키, 그 외 곡물을 사용해 연속식 증류기로 증류한 위스키를 싱글 그레인위스키라 부릅니다. 여기서 싱글은 위스키 원액이 단 하나의 증류소에서 생산되었다는 의미에서의 싱글입니다. 즉, 여러 오크통에서 다양한 햇수로 숙성된 몰트위스키를 섞어도 이를 싱글 몰트라고 합니다. 몰트란, 싹을 틔운

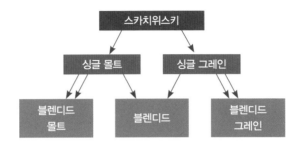

스카치위스키의 분류

스카치위스키

싱글 몰트 ← 싱글 그레인

블렌디드 몰트 ← 블렌디드 → 블렌디드 그레인

보리를 말하는데 식혜 만들 때 쓰는 엿기름이라고 생각하면 됩니다. 얼핏 보면 재료만 다른 술로 느껴질 수 있겠지만, 이 둘은 증류 방식에 결정적인 차이가 있습니다.

증류 방식은 크게 단식 증류(전통식)와 연속식 증류(현대식)로 나뉘는데 이 차이가 위스키의 풍미를 달라지게 합니다. 싱글 몰트위스키는 단식 증류 방식으로 대량생산이 어렵고 증류 과정에서 맛과 향 등 원재료의 손실이 적어 생산 단가가 비쌉니다. 단식 증류란, 증류기에 발효가 완료된 액체를 넣고 열을 가하여 숙성에 쓰일 증류주를 얻는 방법입니다. 스카치위스키의 경우 2~3회 증류를 거쳐 스피릿Spirit이라 부르는 증류액을 뽑아냅니다. 우리가 흔히 아는 맥캘란, 발베니, 글렌피딕 등이 이에 해당하며, 개성이 뚜렷한 맛을 보여줍니다. 반면 그레인위스키는 연속식 증류를 통해 대량생산과 경제성에 초점을 둡니다. 이는 단식 증류기 여러 개를 압축시킨 증류탑 형태로, 반복적인 증류를 통해 높은 도수의 알코올을 대량

경기도 남양주에 위치한 쓰리소사이어티스 증류소에서 위스키 원액을 생산하는 단식 증류기 모습.

으로 생산하는 데 용이합니다. 게다가 보리에 비해 저렴한 곡물을 사용해 생산 단가도 경제적입니다. 하지만 문제는 반복적인 증류 과정에서 원료가 가진 고유의 맛이 점점 옅어져, 위스키의 풍미가 떨어진다는 점입니다. 그래서 시중에는 그레인위스키 이름을 달고 출시되는 제품이 거의 없습니다. 그렇다면 대체 이걸 어디다 쓰느냐. 바로 블렌디드 위스키를 만드는 데 사용됩니다.

## 블렌디드 위스키

블렌디드 위스키란, 싱글 몰트위스키와 값싼 그레인위스키를 섞어 합

블렌디드 위스키의 기본 재료인 그레인위스키를 만드는 데 쓰는 연속식 증류기 모습.
©thelibertydistillery

리적인 가격의 '무난한 위스키'를 만드는 데 목적이 있습니다. 적게는 두 곳, 많게는 50곳이 넘는 증류소의 위스키를 혼합해 평균적인 맛을 낸 결과물입니다. 이를 조합하는 마스터 블렌더라는 전문 직업군도 여기서 탄생하게 된 것입니다. 이들은 성격이 전혀 다른 위스키를 조화롭게 연결해 새로운 창조물을 빚어내는 연금술사 같은 역할을 합니다. 블렌디드 위스키는 싱글 몰트위스키에 비해 개성은 약하지만, 목 넘김이 좋고 부드러워서 마시기가 편합니다. 국내에 잘 알려진 조니워커, 발렌타인, 로열살루트, 시바스리갈 등이 이에 해당합니다. 원래는 19세기 중반 품질이 고르지 못했던 싱글 몰트를 섞어 균일한 품질의 위스키를 만들기 위한 방법이었다고 합니다.

## 블렌디드 몰트위스키와 블렌디드 그레인위스키

여러 증류소의 싱글 몰트만을 섞었을 때 블렌디드 몰트위스키라고 부릅니다. 일반적인 블렌디드 위스키는 그레인위스키가 포함되지만, 블렌디드 몰트위스키는 단일 증류소에서 생산된 싱글 몰트 제품들로만 이루어진 위스키입니다. 대표적으로 조니워커 그린, 몽키숄더 등이 있습니다. 블렌디드 몰트위스키는 블렌디드에 비해 맛이 덜 뭉개지고 각 싱글 몰트가 가진 원액의 특징들이 두드러지게 나타납니다. 가격도 비슷한 조건의 블렌디드 위스키에 비해 더 비쌉니다.

두 가지 이상의 그레인위스키를 섞으면 블렌디드 그레인위스키가 만들어집니다. 원칙적으로 스카치위스키의 분류법에 따라 나뉘기는 하지만, 시장에서 유통되는 제품을 찾아보기는 어렵습니다. 가끔 독립 병입 회사 등을 통해 만들어지지만, 그 또한 매우 희귀합니다. 물론 맛도 크게 기대할 필요는 없을 것 같습니다.

전 세계에 유통되는 위스키의 90퍼센트 이상은 싱글 몰트위스키 혹은 블렌디드 위스키에 해당합니다. 이 두 가지만 이해해도 스카치위스키에 대해 어느 정도 알고 계신 셈이죠. 이 모든 과정에 훨씬 복잡하고 방대한 내용들이 담겨 있지만, 일단은 이 정도만 알아도 위스키를 즐기는 데 전혀 지장이 없습니다.

최근에 블렌디드 위스키보다 싱글 몰트위스키가 두각을 나타냈습니다. 가성비보다는 희소성과 가치에 집중하는 소비가 늘어난 탓에 입문용 엔트리급 위스키의 수급도 어느 정도 원활해진 모습입니다. 여전히 유행에

맹목적으로 탑승해 위스키를 '수집'하는 사람들도 있지만, 맛도 모르고 상자째 업어가는 일은 줄어들었습니다. 위스키 시장이 안정되고 있는 것으로 보입니다.

바야흐로 취향의 시대. 현재 스코틀랜드에는 약 150개의 위스키 증류소가 가동 중입니다. 이중에서만 골라도 경험할 수 있는 위스키가 셀 수 없이 많습니다. 싱글 몰트라고 무조건 좋은 것도 아니고 블렌디드라고 무시할 필요도 없습니다. 둘 다 특징이 명확한 술인 만큼 상황과 기분에 맞게 선택할 수 있는 열린 마음만 있다면, 예상치 못한 순간에 인생 위스키를 만나는 선물을 얻게 될지도 모를 일입니다.

# 타들어가는 목 넘김…
# 도수 높은 위스키가 더 맛있을까?

◆——━——◆

순간의 선택이 이어져 인생이 되듯이 위스키도 첨가되는 물의 양에 따라 맛의 운명이 결정됩니다. 물을 너무 타면 위스키 맛이 밍밍하게 느껴질 것이고, 물을 안 탔을 때는 술이 너무 독하게 다가오기도 합니다. 똑같은 술도 그날의 기분이나 컨디션에 따라 맛이 다르게 느껴집니다. 사람의 취향이나 입맛도 천차만별. 누구나 위스키를 마실 때 본인에게 최적화된 도수와 맛이 있을 것입니다. 하지만 이 문제는 본인에게 취사 선택권이 있을 때 가능한 이야기입니다.

캐스크 스트렝스 제품은 이 모든 것을 실현해줍니다. 캐스크 스트렝스란 오크통의 최종 병입 단계에서 물을 첨가하지 않은 위스키입니다. 줄여서 'CS'라고도 부릅니다. 통상 시장에 유통되는 대부분의 위스키는 알코올도수 40~46도로 병입되는 반면, 캐스크 스트렝스는 50~60도대에 형성돼 있습니다. 즉, 소비자가 직접 기호에 맞게 물로 위스키의 알코올 농도를 조절할 수 있는 것입니다. 증류소가 소비자에게 마스터 블렌더 놀이를 할 수 있도록 기회를 넘겨준 셈입니다.

스카치위스키 규정상 위스키 라벨에 캐스크 스트렝스 여부를 표기해야 하는 의무는 없지만, 자랑스럽게 내세울만한 조건이기 때문에 대부분 증류소가 눈에 띄는 곳에 표기하는 편입니다.


## 싱글 캐스크와 캐스크 스트렝스의 차이점

간혹 싱글 캐스크Single Cask와 캐스크 스트렝스의 차이를 헷갈리는 분들이 있습니다. 캐스크 스트렝스는 여러 오크통의 위스키를 섞어도 캐스크 스트렝스라고 부를 수 있습니다. 증류소에 있는 수백수천 개 위스키를 섞어도 최종 병입 단계에서 물만 안 타면 캐스크 스트렝스인 것입니다.

반면 싱글 캐스크는 단 하나의 오크통에서 병입된 위스키를 말합니다. 위스키를 물에 희석했는지 안 했는지는 전혀 관련이 없습니다. 위스키 라벨에 싱글 캐스크와 캐스크 스트렝스가 동시에 표기된 제품들은, 하나의 오크통에서 물을 타지 않고 병입된 위스키를 말합니다. 뒤에서 소개할 대만 위스키, 카발란의 솔리스트 비노바리크가 그 대표적인 예입니다.

시중에 판매되는 위스키 대부분은 물을 섞어서 알코올 도수 40도 언저리로 맞춰서 상품화됩니다. 일반적으로 43도, 46도, 48도와 같이 알코올 도수가 소수점 없이 딱 떨어지는 제품들은 대부분 물에 희석한 제품들입니다. 캐스크 스트렝스의 경우 오크통마다 편차가 있어서 알코올 도수가 균일하지 않습니다. 물론 특별한 의도가 있거나 우연히 도수가 맞춰지는 때도 있습니다.

## 캐스크 스트렝스를 고집하는 이유

수많은 위스키 마니아가 캐스크 스트렝스를 선호하는 이유는 짙은 풍미와 향 때문입니다. 각 증류소의 특징을 가장 잘 나타내는 제품을 찾게 되는 것이지요. 단순한 예로, 알코올 도수 40도인 위스키보다 43~48도 위스키의 맛이 훨씬 풍부하고 진하게 느껴질 것입니다. 그 이유는 간단합니다. 위스키의 풍미에 직접적인 영향을 미치는 화합물은, 병입 직전 첨가되는 물에서 나오는 게 아니라 오크통 내부 숙성 과정에서 나오기 때문입니다. 반대로 맛 성분이 전혀 없는 물을 타는 순간, 위스키 맛은 희석될 뿐입니다. 즉, 물을 안 탄 상태의 위스키가 최대의 풍미를 내포하고 있다고 보면 됩니다.

라면 맛을 극대화하겠다고 물을 적게 넣고 졸이면 짠맛밖에 안 남습니다. 그렇다고 물 조절을 실패한 '한강 라면'도 정답이 될 수는 없겠지요. 사람마다 취향이 다르겠지만, 누구나 그 중간 어딘가에 기본값이 맞춰져 있을 것입니다. 위스키도 똑같습니다. 최대의 풍미가 최고의 맛을 의미하지는 않습니다. 하지만 알코올 도수 조절에서 본인에게 통제권이 있는 것과 없는 것의 차이는 큽니다. 이미 한강 물처럼 불어난 위스키를 살릴 방

여러 증류소의 캐스크 스트렝스 제품들 모습.

법은 많지 않습니다. 반면 캐스크 스트렝스 제품들은 원하는 맛이 날 때까지 위스키 맛을 조절할 수 있습니다.

술자리에서 모두를 만족시킬 수는 없겠지만, 캐스크 스트렝스 제품이 있다면 위스키 맛이 싱겁다고 불평하는 사람은 없을 것입니다. 하이볼, 온더록 등 그 어떤 방법으로도 위스키가 쉽사리 생명력을 잃지 않습니다.

## 냉각 여과 유무로 발생하는 맛 차이

많은 사람은 위스키를 떠올렸을 때 투명하고 맑은 호박색 위스키를 상상할 것입니다. 증류소들은 냉각 여과 공정을 통해 소비자들의 이러한 상상을 현실화시켜줍니다. 냉각 여과란 위스키 제조 과정에서 생성되는 지방산이나 단백질 등을 걸러내는 공정입니다. 냉각 여과를 거친 위스키는 혹한의 상황에서도 깨끗하고 맑은 상태를 유지할 수 있습니다. 문제는 이러한 화학적인 요소들을 제거하면 헤이즈 현상이라 불리는 위스키의 탁해짐 현상은 사라지지만, 맛의 성분들도 빠져나갑니다. 위스키 마니아들이 냉각 여과된 위스키를 선호하지 않는 이유입니다. 실제로 극적인 맛차이가 있는지는 여전히 논란이 되는 부분입니다.

반면 캐스크 스트렝스 제품들은 냉각 여과를 거칠 필요가 없습니다. 알코올 도수가 46도를 초과하면 헤이즈 현상이 발생하기 어려워지기 때문입니다. 증류소들도 불필요하게 냉각 여과를 해야 할 이유가 줄어들겠지요. 한편 냉각 여과를 거치지 않은 알코올 도수 46도 이하 위스키는 물이나 얼음을 첨가했을 때 뿌옇게 변합니다. 단백질과 지방산 등이 물과 온도에 반응하여 나타나는 현상입니다. 하지만 이는 단순히 미학적인 문제지 맛까지 탁해지는 것은 아닙니다. 업계에서는 이를 언칠 필터드Un-Chill Filtered라고 표현합니다. 즉 냉각 여과를 거치지 않은 비교적 순수한 상태의 위스키로 볼 수 있습니다.


삶은 선택의 연속입니다. 때로는 선택지가 없거나 뜻대로 안 되는 경우가 더 많기도 합니다. 적어도 위스키 한 잔에서는 스스로 주체가 되어서 모험심을 갖고 최적화된 맛을 즐길 수 있기를 바랍니다. 60도가 넘는 알코올 도수가 입안을 얼얼하게 만들지언정 한 번쯤은 경험해보는 것도 재미있지 않을까요?

# 내 위스키가
# 맛없는 이유

───◆───

위스키를 즐기다 보면 누구든 반세기 전에 만들어진 위스키에 대한 호기심이 생길 것입니다. 1960~1980년대는 최고급 보리 품종 '골든 프라미스'와 고품질의 오크통으로 위스키를 손수 정성 들여 만들던 시기입니다. 흔히 이 당시 병입된 위스키를 '올드 보틀Old Bottle'이라 부릅니다. 여러 위스키 전문가가 높은 평가를 주는 제품들도 대부분 이 시기에 병입됐습니다.

그런데 문제가 있습니다. 병 입구를 막는 코르크가 긴 세월을 견뎌내지 못하고 맥없이 바스러지기 때문입니다. 스치면 부러지고, 수습하면 가루가 되는 코르크 마개. 술을 따를 때마다 코르크 조각들을 걸러 마셔야 하는 번거로움은 둘째 치고, 뚜껑 없이 덩그러니 남은 술은 어떻게 해야 할지 난감해집니다. 또 코르크와 위스키 뚜껑의 접합부가 분리돼 코르크만

코르크와 위스키의 뚜껑 접합부가 분리된 모습.

병에 박혀 있는 상황이 발생하기도 합니다. 올드 보틀뿐만 아니라 새로 산 위스키도 코르크를 사용한 제품이라면 이러한 비극을 피해 가긴 어렵습니다. 대체 이 코르크, 정체가 뭘까요.

## 17세기부터 사용하기 시작한 코르크

코르크 사용의 공식적인 기록은 17세기에 등장합니다. 다들 한 번쯤 들어봤을 '돔 페리뇽Dom Perignon'은 샴페인을 개발한 수도사 '돔 피에르 페리뇽Dom Pierre Perignon'의 이름에서 따온 것입니다. 그는 샴페인의 발효 과정에서 급격하게 증가하는 탄산가스 압력을 견딜 방법으로 코르크 마개를

코르크 껍질만 전문으로 벗겨내는 숙련공이 손도끼를 사용해 스페인의 코르크나무 껍질을 분리하고 있다. ©게티이미지코리아

개발했다고 합니다. 한순간의 압축으로 병목에 들어간 코르크는 단시간에 다시 팽창하여 꺼내기가 매우 어렵습니다. 코르크의 유연성과 탄성을 엿볼 수 있는 대목입니다.

코르크 마개는 수령이 25년 이상 된 코르크나무Quercus Suber로 만드는데, 주로 포르투갈이나 스페인 등 지중해산을 최고로 칩니다. 간혹 나무를 베어서 만든다고 생각하시는 분들이 있는데, 코르크는 나무의 껍질로 제작됩니다. 때 되면 수확하는 과일처럼, 코르크도 평균 10년 주기로 수확합니다.

방법은 이렇습니다. 먼저 코르크나무 껍질만 전문으로 벗겨내는 숙련공들이 손도끼를 사용해 나무에서 껍질을 분리합니다. 이때 나무가 재생

벗겨낸 껍질은 6개월가량 야적해 건조한다. ⓒ게티이미지코리아

할 수 있도록 손상을 최소화해야 합니다. 이 작업은 주로 여름이 되는 5월 초에서 8월 말 사이에 이뤄지는데, 이 무렵이 나무에 손상을 가장 적게 주는 시기라고 합니다.

벗겨낸 껍질은 6개월가량 야적해 건조 과정을 거친 뒤, 뜨거운 물이나 수증기로 살균하고 압착하여 평평하게 합니다. 작업하기 좋게 평평해진 껍질을 추가로 건조 과정을 거친 뒤 '원형 펀칭기'로 뚫어내면 코르크 마개가 완성됩니다. 나무 한 그루에서 한 번에 채취할 수 있는 껍질의 양은 40~60킬로그램이며, 이것으로 약 3,000~5,000개의 코르크 마개를 만들 수 있다고 합니다. 나무의 죽은 세포로 이루어진 코르크는 왁스 같은 물질인 '수베린'suberin을 함유하고 있어 물과 공기를 차단합니다.

코르크의 단점은 내구성입니다. 아무리 품질 좋은 코르크 마개도 보관 상태에 따라 20년이 넘어가면 조직이 약해지고 틈이 발생해 외부 공기에 노출됩니다. 이때부터 뜻하지 않게 자연 증발해 없어지는 술이 '천사들의 몫'으로 돌아갔다는 뜻의 에인절스 셰어Angle's Share가 발생하기도 합니다. 조직이 약해지면 자연스럽게 세균이 침입하고 코르크에 곰팡이가 생겨 오염이 발생할 수 있습니다. 이를 프랑스어로 '부쇼네Bouchonne'라고 하는데 원인 물질은 'TCATrichloroanisole(곰팡이가 염소 화합물 또는 페놀과 만나 합성되는 물질)'입니다. 이는 낡고 축축한 신문지나 썩은 나무, 곰팡이 핀 습한 지하실에서 풍기는 퀴퀴한 냄새로 이어질 수 있습니다.

이럴 거면 도대체 코르크를 왜 쓰느냐 싶지만, 몇 가지 간단한 규칙만 지키면 위스키의 생명력을 연장할 수 있습니다. 지금부터 반드시 지켜야 할 위스키 보관법에 대해서 알아보겠습니다.

## 올바른 위스키 보관법

한번 병입된 위스키는 보관만 잘하면 무한의 수명을 갖습니다. 현재까지 100년 넘는 위스키들이 고가에 거래될 수 있는 이유기도 하지요. 알코올 도수 20도가 넘어가면 세균이나 미생물이 번식하기 어려워 위스키가 변질할 우려도 없습니다. 단, 위스키는 무슨 일이 있어도 반드시 세워서 보관해야 합니다. 높은 도수의 원액이 코르크 마개에 닿게 되면 코르크의 부식을 촉진할 수 있기 때문입니다. 와인은 살짝 눕혀서 보관해야 코르크 마개와 액체가 맞닿아 코르크의 수축을 방지할 수 있는데, 위스키에는 독

작업하기 좋게 평평해진 코르크는 '원형 펀칭기'로 뚫어서 완성한다. ©게티이미지코리아

이 되는 행위입니다.

위스키는 직사광선을 피해 서늘한 곳에 보관해야 합니다. 간혹 채광 좋은 거실에 떡하니 장식하시는 분들이 있는데, 당장 그늘로 대피시켜야 합니다. 햇빛은 위스키에 들어가 있는 캐러멜 색소를 파괴하고 색을 변하게 합니다. 이 과정에서 이뤄지는 화학 반응은 자연스레 위스키의 품질 저하로 이어집니다. 또 높은 온도는 알코올을 기화시킵니다. 위스키에서 풍미를 담당하는 성분들은 대부분 휘발성이라 좋은 성분은 날아가고 안 좋은 맛만 남게 됩니다. 만약 개봉도 하지 않은 위스키 원액이 병 어깨선 밑으로 내려와 있다면, 보관이 잘못됐을 확률이 높습니다. 아무리 좋은 술이라도 이런 상태면 맛을 보장하기 어렵습니다.

일반적으로 위스키의 적정 보관 온도로 15~20도를 권장합니다. 위스

위스키는 직사광선을 피해 서늘한 곳에 보관한다. 개인적으로 추천하는 보관법은, 구매 시 받은 상자를 버리지 않고 그대로 포장해 옷장에 넣는 것이다.

'파라필름'으로 병목을 싸매는 것도 방법이다. 파라필름은 보통 실험실에서 액체를 밀봉하는 데 사용되지만, 주류에도 효과가 좋다.

키의 냉장 보관도 불필요합니다. 개인적으로 추천하는 보관법은 구매 시 받은 상자를 버리지 않고 그대로 포장해 옷장에 넣는 것입니다.

한번 개봉된 위스키는 '최적의 풍미'를 즐길 수 있는 기간이 한정돼 있습니다. 전문가들은 위스키가 절반 정도 남은 상태라면 2년 이내, 그보다 적게 남았다면 6개월 안에 모두 마시는 것을 권장합니다. 병 내부에 원액보다 공기가 많아지면, 과도한 산화로 위스키가 고유의 풍미를 잃게 됩니다. 특히 병 아래 애매하게 남아서 깔린 위스키는 작은 바이알 Vial 병에 옮겨 담아 공기와의 접촉을 최소화하는 게 좋습니다. '파라필름 Parafilm'으로 병목을 싸매는 것도 방법입니다. 파라필름은 보통 실험실에서 액체를 밀봉하는 데 사용되지만, 주류에도 효과가 좋습니다. 흔히 몰트 바에 가면, 바텐더들이 병목에 감긴 필름지 같은 것을 벗기는 모습을 보았을 겁니다. 이게 파라필름입니다.

참고로 마시고 남은 위스키 병의 코르크는 따로 모아 두는 것을 추천합니다. 새로 산 위스키 코르크가 제 기능을 하지 못했을 때, 훌륭한 대체재가 될 수 있기 때문입니다. 위스키는 브랜드마다 병 입구 모양에 차이가 있어, 코르크를 다양하게 준비한다면 최악의 상황도 유연하게 피해 갈 수 있을 것입니다.

대형 위스키 증류소들의 코르크 사랑은 남다릅니다. 코르크의 친환경적인 이미지와 전통적인 측면도 있겠지만, 코르크가 주는 특유의 감성을 포기하긴 어려워 보입니다. 어쩌면 소비자들이 코르크에서 기대하는 프리미엄에 대한 심리도 이들의 정책에 반영됐을지도 모르겠습니다. 코르

다 마신 위스키 병의 코르크는 따로 모아 두는 것을 추천한다. 새로 산 위스키 코르크가 제 기능을 하지 못했을 때, 훌륭한 대체제가 될 수 있다.

크 뽑는 소리를 마치 숭고한 의식처럼 즐기는 사람들도 있습니다. 위스키 병목에 비닐을 벗기고 코르크 마개를 '뻥' 하고 뽑는 순간은 늘 경쾌하고 설렙니다. 뻥 소리 이후 잔에 따라지는 술은 맛에 대한 기대감도 한층 높입니다. 지금 여러분들의 코르크는 안전한가요?

# 주당들의 놀이터
## '위스키 토크 후쿠오카'

◆———◆

일본 후쿠오카 마린 메세 B동 앞. 스코틀랜드 전통 의상을 입은 남성이 굳게 닫힌 대문 앞을 지키고 있습니다. 그 뒤로 1,000여 명의 인파가 큼지막한 가방과 캐리어 등을 들고 장사진을 쳤습니다. 남성이 들고 있던 백파이프에서 스코틀랜드 민요가 울려 퍼지자 웅성대던 인파에 적막감이 감돕니다. 긴장감도 잠시, 닫혔던 문이 열리고 입장 신호가 떨어지자 선두 그룹의 경보는 급기야 달리기로 돌변했습니다.

아침 댓바람부터 이들이 한곳에 모인 이유는 단 하나. 올해로 12회째를 맞이한 규슈 최대의 위스키 박람회인 '위스키 토크 후쿠오카 2024'에 참가하기 위해서입니다. 도쿄에서 비행기를 타고 날아와 대기 번호 1번을 차지한 A씨는 혹시 모를 한정판 위스키에 대비하고 있는 모습이었습니다. 다소 피곤한 모습이 역력한 A씨가 현장에 도착한 시간은 새벽 여섯 시.

일본 후쿠오카에서 열린 위스키 박람회 '위스키 토크 후쿠오카 2024'. 참가자들이 박람회장 입장을 위해 대기 중인 모습.

싱가포르에서 온 B씨는 이른 시간임에도 눈빛이 야망에 차 있었습니다. 심지어 일본은 처음이라는 B씨는 세계적으로 주목받는 일본 위스키에 대해 알고 싶어서 박람회에 참가하게 됐다고 합니다. 위스키 업계 관계자부터 바텐더, 수입사, 독립 병입자들까지 모두 각자의 목적으로 박람회장에 모였습니다.

입장 후 짤막한 눈치 싸움 끝에 선두 그룹이 달려간 곳은 주류 판매 부스. 현장에서 판매된 위스키는 출시와 동시에 피가 붙는 캠벨타운 증류소 제품들이었습니다. 대부분이 엔트리급 위스키였지만 증류소 출고가 수준에 판매되고 있었습니다. 하지만 하이라이트는 따로 있었습니다. 1989년 라프로익 25년, 크레이겔라키 26년, 토모어 27년 등 고숙성 제품들이 합리적인 가격에 판매 중이었습니다. 라프로익 25년은 5만 엔, 그

외에 20년 이상 숙성 제품들도 전부 2만~4만 엔 선에서 구매할 수 있었습니다. 비록 독립 병입 제품들이었지만, 국내에서는 구경조차 할 수 없는 100만~200만 원이 훌쩍 넘는 제품들이었습니다. 치열한 구매 경쟁 속에 줄은 또 깍듯이 지키는 참가자들의 모습이 인상적이었습니다.

## 다양한 주류 시음이 가능한 박람회장

위스키 박람회의 또 다른 매력은 여러 가지 제품을 시음할 수 있다는 점입니다. 이날 마련된 부스는 총 123개. 그중 스물다섯 곳의 일본 증류소와 수입사, 몰트 바들이 진귀한 올드 보틀들을 들고 행사장에 참여했습니다.

시음 줄이 가장 길었던 곳은 치치부 증류소와 가노스케, 쿠주, 나가하마, 마르스 증류소 등이었습니다. 전 세계 위스키 애호가들의 이목을 끌고 있는 일본의 신생 증류소들이죠. 시음 부스에서는 평소 경험하기 어려운 증류소의 스피릿부터 다양한 한정판 제품들까지 무료로 맛볼 수 있었습니다. 특히 일본 특유의 미즈나라 오크통을 사용한 제품들이 보여주는 '감칠맛'도 매우 흥미로웠습니다.

국내 최초로 박람회에 참가한 김창수 위스키 부스도 눈길을 끌었습니다. 매번 구경만 하다가 참여 업체로 부스를 차리게 된 김창수 대표 얼굴에 약간의 긴장감이 어린 듯합니다. 하지만 김 대표 특유의 조용하면서 나긋나긋한 넉살로 부스의 인기는 좋았습니다. 시음용 술로는 김창수 증류소의 특징을 엿볼 수 있는 스피릿, 그리고 지금까지 출시된 총 다섯 개 제품을 한자리에서 만나볼 수 있었습니다. 국내에서 구경조차 힘든 김창수 위스키를 무료로 비교 시음할 수 있는 흔치 않은 기회였습니다.

## 희귀한 1960~1980년대 올드 보틀이 한자리에

일본의 여러 몰트 바에서 준비한 진귀한 위스키도 많았습니다. 특히 1960~1980년대 출시된 올드 보틀과 고숙성 제품들이 위스키 애호가들의 이목을 끌었습니다. 70년대 맥캘란, 탈리스커, 아드벡, 보모어 등 지금 아니면 두 번 다시 만나기 어려운 제품들도 모두 시음이 가능했습니다. 물론 희귀한 제품들은 대부분 유료로 진행됐고 작은 플라스틱 잔에 10~15밀리리터가량 제공됐습니다. 위스키 시세에 익숙하다면 가격이 합리적으로 보였겠지만 어수선한 시음 환경과 일회용 잔을 고려하면 조금은 비싸게 느껴졌습니다. 하지만 식견의 확장 차원에서 본다면 충분히 가격 경쟁력이 있는 제품들이었습니다. 위스키에 뜻이 있다면 반드시 개인 시음 잔을 준비해가는 것을 추천합니다.

위스키 토크라는 행사 이름이 말해주듯 열여덟 개의 위스키 세미나도 준비됐습니다. 학구열 높은 위스키 애호가들에게 빠질 수 없는 코너죠. 산토리 마스터 클래스부터 치치부 증류소의 이치로스 몰트, 가노스케 증류소 등 다양한 주제들로 구성이 됐습니다. 야외에서는 각종 음식도 판매 중이었습니다. 스테이크덮밥, 햄샌드위치, 카레, 구운 소시지 등이 유료

일본 후쿠오카에서 열린 주류 박람회 '위스키 토크 후쿠오카 2024'. 참가자들이 위스키를 시음하는 모습.

로 제공됐고 음수대 덕분에 물 걱정도 없었습니다.

  박람회 참가비는 4,400엔. 올해 판매된 입장권 수는 총 3,300장. 무료 시음할 수 있는 제품군이 더 많으면 좋았겠지만 일본 신생 증류소들의 특징과 방향성을 엿보는 데는 부족함이 없었습니다. 여유가 된다면 다양한 올드 보틀을 마셔보는 것만으로도 재미있는 경험이 될 수 있을 것입니다. 어쩌면 이 경험들이 위스키에 대한 식견을 넓혀줄 수 있는 지름길이 될 수 있을지도 모르겠습니다.

  일본에 지인이 살고 있다면 위스키 토크 한정판 제품들도 응모해보는 것을 추천합니다. 우편물을 통해 직접 당첨 소식을 받아보는 방식으로 일본 현지에 주소가 있어야만 응모할 수 있습니다. 비록 숙성 연수가 높은

'2017년 위스키 토크' 한정판 보틀. 치치부 증류소에서 매년 싱글 캐스크로 출시하고 있는 '달과 잃어버린 동물' 시리즈.

제품들은 아니지만 일본 증류소의 희소성이 높은 실험적인 위스키를 경험할 기회입니다. 특히 치치부 증류소에서 매년 싱글 캐스크로 출시하고 있는 '달과 잃어버린 동물' 시리즈의 인기가 가장 좋습니다. 일본 몰트 바에서 이 시리즈를 발견한다면 꼭 한번 마셔보세요. 늘 색다른 도전을 하는 치치부 증류소만의 매력을 느낄 수 있을 것입니다.

위스키 토크는 규슈 지역 위스키 업계 활성화와 바 문화의 보급을 목표로 2010년부터 이어져오고 있습니다. 박람회의 주최자인 바 히구치Bar Higuchi의 오너 바텐더 히구치 이치유키는 침체돼 있던 일본 위스키 시장을 반전시키기 위해 축제를 기획했습니다. 그는 지역 사회 구성원으로 시작해 위스키에 대한 순수한 열정으로 대중의 인식을 높였고, 이제는 일본 여러 굵직한 증류소와 협업으로 그 세계관을 넓히고 있습니다. 아무도 위스키에 관심이 없던 시절, 그가 위스키에 뜻이 있는 사람들과 함께 모여 만들어낸 결과가 바로 위스키 토크인 셈입니다.

# 베리 맥애퍼
## "라프로익 맛의 비밀은…"

라프로익 마스터 디스틸러 베리 맥애퍼.

아일라섬에서도 만나지 못했던 라프로익의 마스터 디스틸러 베리 맥애퍼Barry McAffer를 한국에서 단독으로 처음 만났습니다. 그는 25년 넘게 라프로익 증류소의 사령탑 자리를 지켰던 존 캠벨의 후임자로서, 찰스 국왕이 윤석열 대통령에게 준 라프로익 선물을 직접 맛보고 병입한 장본인이기도 합니다. 베리는 2011년 몰트맨maltman으로 입사해, 2022년부터 라프로익의 마스터 디스틸러 자리를 꿰찼습니다. 마스터 디스틸러는 '브랜드의 얼굴'로서 증류소에서 제조되는 모든 증류주의 생산을 기획, 설계, 감독하고 최종 결과물에 대한 품질을 책임지는 사람입니다. 오케스트라에 비유하면 지휘자와 같은 존재죠.

## 200년의 역사, 라프로익의 마스터 디스틸러

지난 20일, 처음으로 한국을 방문한 베리 맥애퍼. 그는 180센티미터가 넘는 훤칠한 키에 다부진 체격을 가졌고 첫 몇 마디를 나누는 동안 차분하고 신중한 모습을 보였습니다. 국내 최초로 단독 인터뷰를 가져봤습니다.

**나이 서른여섯 살에 라프로익의 수장 자리를 차지하셨어요. 평소 재능이 많다는 것은 익히 들어 알고 있어요. 위스키뿐만 아니라 오토바이, 항해, 레고 마스터, 심지어 미국에서 열린 체스 대회에서 챔피언까지 했습니다. 자신을 가장 잘 드러내는 것은 어떤 모습인가요?**

저는 아일라섬에서 태어나고 자랐습니다. 처음에는 엔지니어가 되려고 무작정 아일라섬을 떠났어요. 어렸을 때 선생님이 숙제 안 하고 공부 못하면 증류소에 갇혀서 일만 할 것이라고 엄포를 놓았는데 시간이 지날수록 그 말이 공포처럼 엄습했죠. 학창 시절에 양조장에서 일하는 것이 인기 직업군은 아니었거든요. 사실 아일라로 다시 돌아온 이유는 라프로익에서 번 돈으로 치과기공소를 차리기 위함이었어요. 섬 밖에서 치과기공사 자격증을 취득했었죠. 그런데 증류소에서 일한 지 일주일 만에 그 생각을 접었어요. 라프로익이 나의 새로운 미래라는 것을 직감하게 된 것이죠.

**결국 증류소에 갇히셨군요. 그런데 라프로익의 어떤 점이 그렇게 특별하던가요? 마스터 디스틸러 자리로 가는 길이 녹록지 않았을 텐데요.**

저에게는 라프로익 자체가 특별했던 거 같아요. 특히 증류소에서 플로어 몰팅 작업을 하면서 위스키 산업에 대한 호기심과 애정이 커졌죠. 일하는 것을 즐겼고 모든 게 새롭고 재밌었어요. 플로어 몰팅 외에도 위스키의 모든 제작 과정에 개입하기 시작했고 순서대로 터득해 나갔어요. 5년 차가 되던 해 매니저가 저에게 다가와서 물었어요. 앞으로 무엇을 더 하고 싶은지. 저는 다음 세계를 구경하고 싶다고 했죠. 결국 증류소에 갇힌 건 사실이지만 보시다시피 더 넓은 세계를 만났죠. 다행히 아일라섬에만 갇혀 있진 않아요.

**마치 스펀지처럼 라프로익의 모든 것을 몸으로 흡수하셨군요. 혹시 처음으로 마셨던 위스키를 기억하나요?**

어머니께서 이 이야기를 들으시면 안 좋아하시겠지만, 저는 9살 때 마신 브룩라디 위스키가 첫 경험입니다. 당시 아버지가 브룩라디에서 오크통을 하나 사서 지인들과 파티를 여셨어요. 제 임무는 브룩라디에서 사 온 오크통에 호스를 연결해서 사람들에게 나눠주는 것이었죠. 그때 호스에 입을 대고 위스키를 마셨던 기억이 납니다. 브룩라디 1972년 빈티지였죠.

그때 홈 비디오를 촬영하고 있었어요. 위스키를 한 모금 마시고 카메라를 쳐다보는 제 표정이 찍혔는데 딱히 즐기고 있는 모습은 아니었어요. 아마 그 이후로 10년 이상은 위스키를 끊었던 것 같아요.

**역사적인 장면을 포착하셨군요. 생애 첫 위스키를 마신 장면을 가진 사람들이 많지 않을 텐데 말이죠. 아홉 살의 나이에 우유가 아닌 위스키를 나눠주는 임무를 맡았다니 아일라 사람들과 위스키가 얼마나 밀착된 관계인지 느껴져요. 아일라에서 위스키는 어떤 존재인가요?**

아일라에서 위스키는 물과 공기와도 같아요. 결혼식, 장례식, 생일 파티 등 모든 행사와 경조사에 빠지지 않죠. 테이블 위에는 항상 라프로익이 있었고 모두가 그것을 마시고 있었어요. 딱히 술의 맛에 대해서는 누구도 깊이 있는 대화를 나누지는 않았어요. 그냥 삶의 일부였어요. 물 마시는데 물맛에 대해서 이러쿵저러쿵 따지지는 않잖아요?

**결국 당신에겐 일상의 삶이 일로 전환된 셈이네요. 현재 라프로익에서 마스터 디스틸러로서 어떤 일을 하고 있나요?**

마스터 디스틸러의 역할은 증류소마다 차이가 있어요. 라프로익에서 제 역할은 규율을 정하고 10년, 15년, 25년 후의 미래를 내다보는 일이에요. 위스키는 시간이 필요한 술이에요. 저는 현재를 살고 있지만 늘 미래를 바라보면서 살아요. 인내심 없이는 위스키도 없어요. 선대 마스터 디스틸러였던 이안 헌터, 베시 윌리엄슨의 모든 전통과 유산을 지키는 것도 제 일이에요. 새로운 도전 뒤에는 늘 전통과 역사가 뒷받침돼야 합니다. 지난 6개월 동안은 라프로익 증류소를 확장하기 위해 여러 가지 작업을 진행하였습니다.

**마스터 디스틸러로서 목표가 있나요?**

라프로익 마스터 디스틸러로서의 목표는 복잡하지 않아요. 라프로익을 라프로익으로써 존재할 수 있도록 모든 전통을 지키는 것이 제 목표입니다. 하지만 마스터 디스틸러로서의 목표는 조금 달라요. 항상 도전자로서 끊임없이 스카치위스키를 창조하고 발전시키고 싶어요. 그게 일종의 궁극적인 목표가 아닐까 싶습니다.

**미래를 바라보며 위스키를 만들 때 영감을 얻는 곳이 있을까요?**

저는 모든 일상에서 영감을 얻는 편이에요. 중요한 것은 '이게 과연 라프로익을 위한 것인가?'라는 생각을 먼저 하는 편이에요. 과거 이안 헌터나 베시 윌리엄슨이라면 어떻게 했을 것인가. 그들은 라프로익의 영웅들이에요. 초저녁 위스키 한 잔 따라놓고 그날의 일들을 복기하기도 해요. 하루 동안 좋았던 점, 흥미로웠던 점 등에서 영감을 얻는 편이에요. 증류소를 찾아오는 다양한 사람들의 이야기에도 귀를 기울입니다. 조만간 새로 출시될 카르체스<sup>Cairdeas</sup>도 라프로익 팬들로부터 영감을 받아 출시되는 제품입니다.

## 위스키 맛에 우연은 없다. 모든 것은 계획대로 진행된다

마스터 디스틸러 베리의 눈빛은 확신에 차 있었습니다. 답변에서는 자신감이 뿜어져 나왔고 그가 하는 일에 대한 뚜렷한 확신이 있어 보였습니다.

**마스터 디스틸러라면 머릿속에 엄청난 양의 테이스팅 노트를 보유하고 있을 거 같아요. 보통 하루 몇 개의 오크통을 시음해보나요? 그리고 알코올 도수는 몇 도에서 가장 풍미가 좋게 느껴지나요?**

사실 대부분의 보통날에는 시음할 일이 없습니다. 하지만 시음이 필요한 날이

라프로익 증류소가 있는 스코틀랜드 아일라섬.

라면, 평균 15~25개의 오크통에서 맛을 보는 편입니다. 그런 날은 아침 일찍
공복 상태로 시음해요. 모든 감각이 가장 살아 있는 순간이라고 볼 수 있어요.
시음 전에 음식, 커피 이런 건 절대 없다고 봐야죠.
저는 알코올 도수 48퍼센트 이하에는 물을 섞지 않아요. 그 위로는 보통 한두
방울 정도 떨어뜨려 마시기도 해요. 우리는 흔히 라프로익의 가장 친한 친구
는 물이라는 말을 씁니다. 물을 몇 방울 넣는 순간 피트 특유의 훈제 향과 요
오드의 풍부함이 훨씬 잘 올라오기 때문이죠. 이런 풍미를 좋아한다면 물 몇
방울 정도는 얼마든지 넣어도 괜찮습니다.

**평소 위스키를 숙성하거나 마실 때 선호하는 오크통이 있을까요?**

일단 라프로익이라면 무조건 퍼스트 필 버번 오크통을 선호합니다. 굵직하고 힘 있는 다양한 맛들이 담겨 있기 때문이죠. 아무래도 라프로익이 일본의 빔 산토리 그룹 소속이다 보니 짐 빔이나 메이커스마크 쪽의 오크통을 자주 사용하는 편입니다. 하지만 다른 브랜드를 포함하면 페드로 히메네스Pedro Ximenez 나 올로로소Oloroso 쪽으로 마음이 가는 편입니다.

**라프로익 증류소 내에서 숙성되는 오크통 원액을 자주 섞는 편인가요? 기준이나 디폴트값이 있다면 어떤 게 있는지 궁금합니다.**

저희는 매링Marrying을 통해서 각 오크통에서 나온 원액을 섞어서 사용합니다. 라프로익의 경우 이중 숙성을 거친 제품들의 맛이 더 잘 뽑힌다고 생각해요. 위스키 원액의 99퍼센트는 버번 오크통에서 숙성을 마치고 추가로 피니시 작업을 거치게 됩니다. 앞으로도 그렇게 할 예정이고요.

**위스키는 우연의 산물이라는 말을 해요. 특히 위스키 숙성이 항상 뜻대로 되는 거 같진 않습니다. 어디까지 과학의 영역이고 어디까지 운에 맡겨야 하는 걸까요?**

딱히 운에 맡겨지는 경우는 별로 없습니다. 숙성고에 들어서면, 오크통이 위치한 장소나 높이, 숙성 연수만으로 어떤 맛이 나오는지 대부분 예측할 수가 있어요. 오크통은 인간의 지문과도 같아요. 전부 비슷해 보이지만 같은 게 단하나도 없죠. 사람도 시간이 지나면 나이 들고 늙잖아요? 오크통도 똑같아요. 노후화가 진행되면 새기도 하고 고장 나기도 합니다. 하지만 오랜 시간 같이 지내다 보면 결핍이 뭔지, 어떤 특징을 가졌는지 전부 알 수 있게 되죠. 아무리 못난 오크통도 저에게는 특별하고 소중합니다.

오랜 시간 가족처럼 같이 지낸 오크통의 특성을 모르기도 어렵겠군요. 그렇다면 위스키를 만들 때, 특별히 집중하는 캐릭터나 선호하는 풍미가 어떻게 되나요? 개인적으로 라프로익에서 나타나는 파인애플이나, 열대 과일 맛이 저에게는 매력적으로 느껴져요.

어떤 캐릭터를 추구하는지에 따라 그때그때 다릅니다. 위스키는 작은 변화로도 결괏값이 달라져요. 즉, 각 공정 과정에서 입력값을 어떻게 조정하는지에 따라 맛의 방향성이 달라질 수 있는 셈이죠. 라프로익의 경우 발효 시간을 길게 가져가는 경우 파인애플이나 열대 과일 같은 뉘앙스가 짙어지는 편입니다. 최근에 출시한 엘리먼츠Elements 1.0은 발효 시간과 매싱 공법의 변화로 열대 과일 캐릭터가 증폭됐다고 볼 수 있어요. 라프로익은 작년 3월부터 발효 시간을 53시간에서 72시간까지 늘렸습니다. 20시간의 추가 숙성이 열대 과일 맛을 증폭시킨 셈이지요. 저희는 90년대 이전 맛을 찾으려고 많이 노력하고 있어요.

**최종 위스키 결과물이 생각했던 맛과 다를 경우, 그 위스키는 어떻게 처리하나요?**

그런 상황은 거의 발생하지 않습니다. 하지만 그럴 때, 그 원액만 따로 다시 퍼스트 필 버번 오크통에 담아서 특별 한정판으로 출시하기도 합니다.

**그렇다면 독립 병입자들에게 파는 때는 없는 건가요?**

없습니다. 심지어 누군가 오크통을 사고 싶어도 구매할 수가 없습니다. 빔 산토리는 그 어떤 오크통도 외부 유출을 금지하고 있습니다.

**피트만 생산하는 증류소에서 논 피트 제품을 생산하기도 해요. 쿨일라나**

브룩라디 증류소도 주력이 피트지만, 논 피트 제품으로 꽤 흥한 제품들이 많은 것으로 알고 있어요. 혹시 라프로익도 논 피트 위스키를 만들어본 적이 있나요?

물론 있습니다. 작년 아일라 축제Feis Ile에 참여한 참가자들에게 나눠줬습니다. 솔직히 굉장히 맛있었어요. 사람들도 전부 놀란 눈치였어요. 11년 숙성된 제품이었죠. 한때 스코틀랜드에 피트가 쇼트 난 적이 있어요. 저희는 그 기회를 살려서 피트 처리되지 않은 위스키를 만들었던 것이죠. 현재 20~23년 숙성된 제품들도 있어요.

**소비자로서 너무 반가운 이야기입니다. 그렇다면 앞으로 논 피트 위스키를 출시할 계획이 있다는 것으로 해석할 수 있을까요?**

내부적으로 자주 논의된 사안이긴 하지만 정체성을 유지하기 위해 논 피트 위스키는 출시하지 않을 예정이에요. 개인적으로 정말 맛있고 좋은 위스키라서 나누고 싶은 마음은 굴뚝같습니다. 어쩌면 증류소 투어 시음 패키지 형태로 내놓을지도 모르겠습니다. 주변에서 여러 가지 좋은 아이디어를 받고 있긴 하지만 아직은 어려운 문제입니다.

**어떤 일이든 오래 하다 보면 힘들고 어려운 순간들이 찾아오는 것 같아요. 마스터 디스틸러로 일하면서 가장 곤혹스럽거나 이 직업을 괜히 선택했다고 생각되는 순간이 있을까요? 더 이상 못 해 먹겠다 싶은 순간들.**

아일라섬의 매력은 외딴섬이라는 특수성에서 나오는 건지도 모르겠습니다. 하지만 아일라에서의 삶은 항상 예측할 수 없어요. 한번은 아일라섬에 전력이 중단된 적이 있어요. 증류기들은 말할 것도 없고 발효부터 시작해서 모든 과정이 중단돼버렸죠. 심지어 겨울인데 보일러도 안 들어왔고요. 딱 그만두고

스코틀랜드 아일라섬에 위치한 라프로익 증류소에서 피트를 태우고 있는 모습.

싫었죠.

**듣기만 해도 끔찍하네요. 위스키 좋아하는 친구들끼리 모이면 항상 하는 놀이 중 하나가 블라인드 테이스팅이에요. 누구에게나 곤혹스러운 순간 이라고 생각해요. 혹시 증류소 내에서 직원들끼리 블라인드 테이스팅도 하나요? 저는 할 때마다 두려워요.**

작년 아일라 페스티벌 때도 했고 지난달 SMWS Scotch Malt Whisky Society에서도 진행한 적이 있어요. 대부분의 사람은 선입견을 품고 위스키를 판단해요. 특 히 숙성 연수나 위스키의 색, 출신 등의 정보를 알았을 때는 더욱 심하겠지요. 블라인드 테이스팅의 가장 큰 매력은 모든 정보를 비공개로 진행한다는 점이 죠. 한번은 프렌치 버진 오크를 싫어하는 사람이 블라인드 테이스팅에서 최고

스코틀랜드 아일라섬에 위치한 라프로익 증류소의 몰팅 플로어에 보리가 깔려 있는 모습.

의 술로 평가한 제품이 프렌치 버진 오크였어요. 그가 평소 갖고 있었던 모든 선입견이 깨지는 진실의 순간이죠. 사실 저는 블라인드 테이스팅을 좋아하진 않지만 정말 가치 있는 실험이라고 생각해요.

**지금까지 만든 위스키 중에 본인만의 걸작을 뽑는다면 어떤 것이 있을까요? 하나만 뽑기 어렵다면 두 개도 좋습니다.**

증류소에서 가장 귀한 오크통을 숙성하는 웨어 하우스 1Ware House 1에서 나온 2022년 카르체스와 올해 출시될 카르체스 2024년을 뽑겠습니다. 라프로익의 특징을 아주 잘 보여주는 제품이라고 생각합니다.

## 라프로익 열대 과일 맛의 비밀

아일라섬 내에서 똑같은 피트를 사용해도 맛이 전부 다릅니다. 한때 라가불린 증류소가 하나부터 열까지 라프로익과 똑같은 설비를 갖춰 위스키를 만들어 봤지만 무용지물이었죠. 라프로익만의 특별한 맛을 내는 비법에는 어떤 게 있을지 너무 궁금했습니다.

**잠시 기술적인 질문을 좀 하겠습니다. 라프로익은 보리에 피트를 입힐 때 마른 피트를 사용한다고 들었어요. 젖은 피트와 마른 피트가 최종 결과물에 미치는 영향이 어떻게 되나요?**

피트는 수확하는 순간 자연스럽게 마르기 시작합니다. 라프로익은 수확 후 약 12주가 지난 피트를 사용합니다. 여전히 수분을 가득 머금고 있는 상태지요. 마른 피트는 불이 지속해서 잘 탈 수 있는 장작과 같은 역할을 합니다. 즉 마른 피트 덕분에 수분을 머금은 피트가 저온으로 연소하여 맥아를 차갑게 건조할 수 있는 셈이죠. 이를 저온 훈연 작업이라고도 부릅니다. 라프로익 고유의 맛이 여기서 형성되는 것이죠.

**수년간의 기술이 쌓여서 생겨난 비법이군요. 라프로익은 여전히 맥아 일부를 플로어 몰팅으로 수급한다고 알고 있어요. 혹시 양을 더 늘릴 생각이 있나요?**

작년에 14퍼센트에서 20퍼센트로 늘렸어요. 더 늘리려면 추가로 가마와 맥아를 펼칠 바닥이 더 필요해요. 하지만 당장은 늘릴 생각은 없습니다.

**선대 마스터 디스틸러였던 이안 헌터, 베시 윌리엄슨 때 추구했던 방향성**

과 지금의 차이가 있나요? 당신이 추구하는 위스키 맛은 어떤 거예요?

기술이 발전하면서 곡물이나 보리의 품종, 환경 등이 계속 바뀌고 있어요. 당연히 맛에 차이가 있을 수밖에 없어요. 하지만 근본적인 레시피에는 변화가 없습니다. 만약 베시 윌리엄슨 때 사용했던 보리를 우리가 똑같이 사용할 수 있다면, 아마 동일한 맛이 날 것이라고 봅니다. 증류기나 증류액을 뽑아내는 기술은 예나 지금이나 똑같습니다. 심지어 수원지도 같고요. 하지만 수년에 걸쳐 곡물의 맛이 변하고 있어요. 이는 최종적으로 생산되는 증류액의 결괏값을 다르게 만들지요. 라프로익 입사 이후 이미 네다섯 번의 품종 변화로 인한 맛 차이를 경험하기도 했어요.

결국 시시각각 바뀌는 자연환경이 맛에 개입한 셈이군요. 사람들은 음식 페어링에 관심이 많아요. 특히 위스키는 알코올 도수가 높아서 공복에 마시기에는 부담스러운 것 같아요. 라프로익 최고의 마리아주를 꼽아줄 수 있을까요?

블루치즈. 생강 맛 다크 초콜릿과도 잘 어울려요. 생강 맛이 특히 재미있어요. 솔티드 캐러멜도 여기서 빠질 수 없죠. 일단 드셔보고 판단하세요.


## 위스키 시장의 근황과 미래

숙성 연수가 표기되지 않은 나스[NAS] 위스키가 시장에 쏟아져 나오고 있어요. 이거 괜찮은 건가요?

최근 소비자들이 단순히 숙성 연수보다는 위스키에 대한 종합적인 정보나 평가를 더 중요하게 생각하는 것 같아요. 숙성 연수가 높다고 무조건 좋은 위스

영국 찰스 국왕이 윤석열 대통령에게 선물한 위스키의 오크통 모습. 찰스 국왕과 카밀라 왕비의 서명이 보인다.

키라고 할 수는 없어요. 저숙성 위스키 중에서도 얼마든지 좋은 제품들이 많아요. 증류소들은 5년, 6년 숙성된 제품들은 연수가 너무 낮다고 판단해서 나스NAS 처리해버리는 경향이 있어요. 하지만 그 연수에도 얼마든지 흥미로운 제품들이 많이 있다고 봐요. 소비자들은 더욱더 투명한 위스키 정책을 원하는 것뿐이죠. 소비자들은 5년, 8년, 12년의 저숙성 위스키라도 투명하게 숙성 연수를 밝히는 것을 선호하고요.

**늘 논란이 되는 논 칠 필터링과 색소 첨가 관련된 부분은 어떻게 생각하나요?**

이건 마치 왜 위스키가 초록색 병에 들어 있는지와 비슷한 맥락이에요. 증류소마다 역사와 전통이 있는 것이죠. 평소 해오던 대로 그냥 하는 것입니다. 개인적으로 요즘 소비자들은 색깔에 크게 연연하지 않는다고 생각해요. 예전과는 달리 소비자들이 똑똑해졌고 많은 것을 알고 있어요. 중요한 것은 위스키의 성분, 숙성 연수, 어떤 오크통을 사용했는지를 잘 알리면 된다고 생각해요.

**회사를 그만둔다면 어떤 계획이 있으신가요? 혹시 다른 증류소로 가실 생각은 없으신지요?**

저는 아일라를 알고, 위스키를 알고, 라프로익을 알고 스코틀랜드를 알고 있어요. 만약 새로운 일을 한다면 스코틀랜드 밖으로 나가서 아시아나 미국 시장으로 진출해서 위스키를 만들고 싶어요. 당분간 라프로익을 떠날 일은 없을 거예요. 제 마음의 고향이죠. 하지만 적절한 시기가 되면 두 발 벗고 뛰어드리라 생각해요.

**세계 전반적으로 일어나고 있는 기후 변화가 위스키 업계에 영향을 줄까요? 또 향후 20~30년 후에도 위스키의 인기가 유지될 수 있을지 궁금합니다.**

기후 변화는 크게 영향을 줄 것 같지 않아요. 기술의 발전이 더욱 빠르므로 이를 해결해줄 것이라고 봐요. 그리고 좋은 스카치는 20~30년 후에도 아무 문제가 없을 것이라고 봅니다.

**라프로익의 '땅문서' 장사 덕분에 수많은 라프로익 팬이 아일라에 땅을 갖고 있어요. 아직 남은 땅이 있기는 하나요?**

땅은 아직 많아요. 너무 걱정하지 않아도 됩니다. 필요하다면 우리가 가진 숲에 있는 땅까지도 내드리겠습니다.

**영국의 찰스 국왕이 윤석열 대통령한테 라프로익을 선물했습니다. 어떤**

**제품이었는지 알고 있나요?**

네, 제가 직접 오크통을 열어서 병입한 제품입니다. 1997년에 증류한 27년 숙성된 라프로익이죠. 찰스 국왕이 사인한 오크통이 총 네 개인데 그중 우리가 가장 적합하다고 판단되는 제품을 골라서 선택한 것입니다.

굉장히 맛있는 라프로익입니다. 전체적으로 달콤한 서양배의 맛이 느껴졌어요. 보통 라프로익은 20년 숙성이 넘어가는 순간 진한 망고 맛이 나타나고 30년이 넘어가면 파인애플 맛이 짙어져요. 아마 윤 대통령이 아주 맛있게 마셨을 거라고 믿고 있습니다.

**무인도에 위스키를 딱 두 병만 들고 갈 수 있다면 어떤 것을 들고 가겠습니까?**

작년에 23년 숙성 퍼스트 필 버번 제품을 병입했어요. 싱글 캐스크 제품이죠. 그게 제 최애 라프로익이에요. 훈연 향과 달콤한 풍미의 딱 중간을 지키는 환상적인 밸런스를 갖춘 제품이에요. 그리고 저기 제가 가져온 36년 숙성 제품이 하나 있어요. 이 두 제품을 가져갈 거 같아요. 아마 5분도 안 돼서 없어질 거 같긴 하지만요.

* 베리 맥애퍼 디스틸러는 2025년 한국 증류소의 마스터 디스틸러로 자리를 옮길 예정이라고 합니다.

## Part 2

# 스카치위스키를 만든
# 결정적 사건들

# 박정희의 죽음을 목격한
## 술의 정체

◆━━◆

1979년 10월 26일 저녁 7시 40분쯤, 서울 종로구 궁정동 중앙정보부 안가에서 두 발의 총성이 울려 퍼집니다. 첫 발은 차지철 경호실장 손목에 박히고, 나머지 한 발은 박정희 전 대통령의 가슴팍에 맞습니다.

이날 박 전 대통령은 삽교천 방조제 준공식에 참석한 뒤 KBS 당진 송신소 개소식을 마치고 궁정동 안가에서 연회를 가졌습니다. 참석자들은 당대 대한민국 최고의 권력자인 차지철 경호실장과 김계원 비서실장, 김재규 중앙정보부장이었습니다. 연회 도중 김재규는 총으로 차지철의 손목과 복부를 쏴 죽이고, 박 전 대통령의 가슴과 머리에 방아쇠를 당겨 시해합니다. 현장에서 긴급히 벗어난 김계원은 목숨을 건집니다. '서울의 봄'이 시작됐음을 알리는 장면입니다.

사건 현장에는 전복무침, 송이버섯, 장어구이 등 30접시가량의 음식과

1979년 박정희 전 대통령 저격 상황을 현장 검증하는 김재규 중앙정보부장. ⓒ조선일보DB

위스키가 놓인 술상이 차려져 있었습니다. 간경화를 앓고 있던 김 부장과 독실한 기독교인인 차 실장은 술잔에 입만 대는 시늉을 했고 술은 박 전 대통령과 김 실장만 마셨다고 합니다. 이날 밤, 사건 현장을 목격한 위스키의 정체는 다음 날 합수부가 찍은 현장 사진에서 밝혀집니다.

## 죽음을 목격한 술의 정체

궁정동 안가에서 온더록 잔에 오갔던 위스키는 바로 '시바스리갈 12년'이었습니다. 대한민국 최고 권력자가 고작 12년 숙성밖에 안 되는 엔트리급 위스키를 마셨다는 사실에 의아해하는 분들이 있을 겁니다. 시바스리갈 18년도 있고, 25년도 있는데 말이죠. 일각에서는 박 전 대통령이 침대

사건 발생 약 열 시간 후인 10월 27일 오전 5시, 육군과학수사연구소가 채증한 시해 현장 사진. 우측에 시바스리갈 병이 보인다. ©육군과학수사연구소

머리맡에 두고 소중히 아껴 마셨던 로열살루트 21년이 아니냐는 이야기도 나왔습니다. 하지만 혈흔이 낭자한 연회 술상 위에 놓여 있는 술은 틀림없이 시바스리갈의 병 모양을 하고 있습니다.

사진이 흐릿해 숙성 연수까지는 보이지 않지만, 정답은 생각보다 쉽게 도출됩니다. 시바스리갈 18년은 1997년에 출시됐고, 25년은 1909년에 출시됐지만, 전쟁과 금주법 등의 영향으로 단종되고 2007년이 돼서야 재출시됐기 때문입니다. 즉, 사건 당일에는 1939년에 출시된 시바스리갈 12년과 1953년에 출시된 로열살루트 21년밖에 존재할 수 없었습니다. 그중 병 모양부터 달랐던 로열살루트 21년은 아닌 것으로 결론이 났죠.

1970년대 한국에서 마실 수 있었던 위스키는 많지 않습니다. 정체 모를 밀주와 유사 위스키를 제외하고 조니워커와 시바스리갈, 로열살루트

정도였을 것입니다. 이조차도 군인이나 외국을 다녀온 친지, 지인이 큰맘 먹고 사다 준 선물이거나 누군가 호의를 얻기 위해 건네준 술이었을 것입니다. 그렇다면 그는 왜 조니워커가 아닌 시바스리갈과 로열살루트를 선택했을까요?

박 전 대통령은 평소 막걸리에 사이다를 타서 즐겨 마셨다고 합니다. 이 점을 고려하면 병원이나 요오드 맛으로 느껴지는 피트 위스키보다는 달콤하고 부드러운 위스키를 선호하지 않았을까 추정해볼 수 있습니다. 둘 다 같은 블렌디드 위스키지만 조니워커의 경우 원액에 피트가 살짝 섞여 있어 스모키한 맛이 특징입니다. 이 부분에서 호불호가 갈릴 수 있었던 것이지요. 반면 시바스리갈이나 로열살루트는 논Non 피트에 가까운 제품들입니다. 피트보다는 달콤하고 부드러운 위스키가 박 전 대통령의 취향이었던 걸로 추정됩니다. 한편 이 사건으로 '대통령의 술'로 우리나라에서 명성을 얻은 시바스리갈 12년은 산뜻한 과일 향과 캐러멜 맛, 부드러운 목 넘김이 특징입니다. 어르신들 술장에 꼭 한 병씩은 고이 모셔져 있는 술이기도 하지요.

## 식료품점에서 시작된 역사

시바스리갈의 역사는 1801년 존과 제임스 시바스 형제가 운영한 스코틀랜드 에버딘의 식료품점에서 시작됩니다. 당시 식료품점들은 다양한 식자재 외에 홍차와 위스키도 취급했습니다. 이 시기에 판매됐던 위스키는 대부분 품질이 들쭉날쭉하다 보니 균일화된 상품을 내기 위해서는 블렌딩 작업이 필수였습니다. 어렸을 때부터 홍차를 능수능란하게 다루던 제임스는 위스키 블렌딩에도 두각을 나타냈고 식료품점을 성공 궤도에 올리게 됩니다. 이들의 사업은 귀족들에게 입소문이 나고 영국 왕가에 물건을 납품하면서 1843년, '로열 워런트Royal Warrant'를 하사받습니다. 로열 워런트는 영국 왕실에 5년 이상 납품한 업체에만 수여하는 '품질 보증서'와 같습니다.

시바스 형제와 자식들이 세상을 떠나고 1893년 이후부터 동업자인 알렉산더 스미스와 찰스 스튜어트 하워드가 회사를 인수해 운영합니다. 1909년 시바스 형제에게 경의를 표하는 의미로 25년 숙성의 원액들을 블렌딩해 지금의 '시바스리갈'이 탄생합니다.

하지만 1935년 두 동업자의 죽음과 함께 미국의 금주법, 세계대전까지 겪어야 했던 회사는 결국 1949년 샘 브롬프먼 회장이 운영하던 시그램에 의해 인수됩니다. 인수 직후 시바스 브라더스의 키 몰트를 담당하는 '스트라스아일라' 증류소까지 매입하게 되는데, 이때를 기점으로 탄생한 위스키가 로열살루트 21년입니다. 당시 샘 브롬프먼 회장은 영국 해군이 왕실에 대한 존경의 표시로 스물한 발의 축포를 쏘는 데서 영감을 얻어, 최소 21년 이상 숙성한 위스키 원액만을 엄선해 엘리자베스 2세 여왕 즉위식에 사용했다고 합니다. 하지만 시그램의 무리한 사업 확장으로 2000년에 파산하면서 시바스 브라더스는 프랑스에 본사를 둔 다국적 기업인 페르노리카에 인수됩니다.

1970년대 시바스리갈 12년 모습. ©whiskyauctioneer

## 1970년대 시바스리갈이 지금과 다른 점

박 전 대통령이 즐겨 마셨던 1970년대 시바스리갈 12년은 현재 유통 중인 제품과는 맛에 차이가 있습니다. 70년대 출시된 제품의 알코올 도수는 43도지만 현재는 40도로 내려와 있습니다. 최종 병입 단계에서 물을 타서 원액을 희석했다는 의미입니다. 이뿐만 아니라 70년대 위스키 숙성 시 사용되었던 셰리 오크통도 지금과는 차이가 있어서 맛이 일치하기 어렵습니다. 현재는 해외 옥션 등을 통해 150달러 선에서 구매할 수 있을 것입니다. 단, 올드 보틀 특성상 보관 상태나 출처 등을 파악하기 어렵기 때문에 맛은 보장하기 어렵습니다. 친척들이나 아버지의 술장에서 찾는 게 더 현명한 방법일지도 모르겠습니다. 시중에서 판매하는 시바스리갈 12년은 주류 숍이나 마트 등에서 4만~5만 원 정도에 구매할 수 있습니다.

순수하게 맛 관점에서 봤을 때 시바스리갈은 개성이 강하거나 새로운 맛은 아닙니다. 하지만 우리나라에서는 역사적인 사건까지 더해져 여전히 많은 사람에게 위스키의 대명사로 인식되고 있습니다. 한 번쯤은 바에서 잔술로라도 최후의 만찬에 쓰였던 술을 경험해보는 것은 어떨까요? 개인적으로는 얼음과 함께 마시는 것을 추천합니다.

# 나라에서 술을 금지하면
# 벌어지는 일

◆———◆

1830년대 미국 성인이 연간 마셨던 술의 양은 평균 26리터입니다. 이들은 기상과 동시에 술로 시작해서 잘 때 마시는 술 나이트캡Nightcap으로 일과를 마쳤습니다. 술을 밥 먹듯이 마셨던 셈입니다. 월급을 가족의 식비가 아닌 술값으로 탕진하기에 이르고 여성과 어린이들은 굶주림과 가정 폭력에 노출되기 시작합니다. 주취자들의 사회는 도시를 범죄로 물들게 했습니다. 술을 마셔도 너무 많이 마시던 시절입니다. 이에 미국은 특단의 조치를 내립니다.

1920년 1월 16일 미국에서 모든 술의 제조, 판매, 유통을 불법으로 규정하는 금주법이 발효됩니다. 양조 시설과 술병들은 모두 파기됐고 오크통에 담겼던 술은 하수구에 흘려보내졌습니다. 이는 맥주와 와인, 위스키, 진 등의 합법적인 판매가 금지되었음을 의미합니다. 미국 정부가 공

경찰이 오크통에 담긴 술을 하수구에 흘려보내고 있다. 1920년대 미국. ⓒ게티이미지코리아

식적으로 알코올중독, 범죄와의 전쟁을 선포한 것입니다.

## 금주법도 못 바꾼 음주 습관

1920년대는 미국인들에게 번영과 풍요의 시대였습니다. 1차 세계대전은 유럽을 초토화시켰고, 미국에는 전쟁 특수를 안겼습니다. 승전국은 재건비에 시달리고 패전국은 경제 침체와 생활난에 고통받았습니다. 반면 본토 피해가 없던 미국은 2차 산업혁명과 더불어 연평균 경제 성장률 9퍼센트 이상을 유지하며 유례없는 호황을 누리게 됩니다. 뉴욕 거리에는 재즈 음악이 흘렀고 고층 빌딩들이 들어서며, 도로에는 자동차가 넘쳤습니다. 포드 자동차가 최초로 대량생산 체제를 구현해 자가용 시대가 열렸던 시기이기도 하지요. 찰리 채플린, 베이브 루스, 권투의 잭 뎀프시도 이 시절에 탄생한 스타들입니다. 이러한 풍요 속에서 '고귀한 실험'으로 불리는 금주법이 미국을 술 없는 유토피아로 만들 수 있었을까요?

아침저녁으로 마시던 음주 습관이 하루아침에 바뀔 일은 없었을 것입니다. 금주법 초기에는 일시적으로 음주량이 감소하는 듯했으나 리바운딩 효과로 금세 제자리를 찾아가게 됩니다. 술꾼들은 수단과 방법을 가리지 않고 술을 마시기 시작합니다.

밀주업자들은 미국 남부 인적이 드문 시골로 들어가서 옥수수로 술을 빚기 시작했습니다. 문제는 증류에 필요한 불인데, 아무리 깊은 산골짜기라도 대낮부터 증류기에 불을 지펴 연기를 피우는 순간 위치가 발각되겠지요. 그래서 고안해낸 방법이 밤에만 증류기를 돌려 정부의 단속을 피하는 것이었습니다. 이때 오직 달빛에만 의존해 술을 만들기 시작하는데 이를 '문 샤이닝'이라 불렀습니다. 밀주를 판매하던 술집들도 사람들의 눈을 피해 간판을 떼고 음지로 들어갑니다. 이때 단골들만 은밀하게 비밀번호를 대가며 이용할 수 있게 탄생한 게 '스피크이지 바'입니다.

돈 좀 있는 사람들은 금주법이 통과되는 낌새를 알아채고 주류 사재기에 나섭니다. 황당하게도 판매와 유통은 금지됐지만, 마시는 것은 허용됐기 때문입니다. 당시 하이볼을 즐겨 마시던 우드로 윌슨 대통령도 자택에 스카치위스키를 비축했다고 합니다. 금주법이 시작됐을 때 밀주의 가격은 갤런(약 3.8리터)당 약 25달러로 오늘날 325달러가 넘는 수준입니다. 현재의 위스키 가격을 고려해도 꽤 고가였죠. 이조차도 밀주업자들끼리의 가격일 뿐이고, 실제 대중에게 판매되는 가격은 훨씬 높았을 것으로 추정됩니다.


## 자동차 부동액, 향수로 만든 밀주

밀주의 수요가 공급을 앞지르다 보니 술값은 오르게 됩니다. 부자들은 큰 문제가 없었겠지만, 가난한 사람들은 정체를 알 수 없는 질 낮은 술에 노출돼 실명, 마비 심지어 생명까지 잃게 됩니다. 당시 자동차 부동액부터 향수에 이르기까지 거의 모든 액체로 증류를 시도해 술을 만들었다고 합니다. 술을 구하지 못했던 사람들은 아편이나 마리화나, 코카인 등의 마약류로 시선을 돌리게 되는 부작용까지 낳게 됩니다.

한편 교회 미사용 포도주와 의료처방용 독주는 합법이었습니다. 이때 유난히 병원을 찾는 환자들이 늘었다고 합니다. 또 포도즙을 발효시키면 포도주가 되고 이를 증류하면 브랜디Brandy가 되다 보니, 포도즙 시장도 금주법 이전보다 네 배나 커졌다고 합니다.

일각에서는 위기를 기회로 삼는 사람들이 나타납니다. 이들은 손만 뻗으면 캐나다 위스키나 카리브해의 럼주 등을 들여올 수 있었습니다. 밀매 조직들은 돈과 운송 수단 그리고 적당한 완력만 있으면 얼마든지 술에 목말라 있는 미국인들의 주머니를 열게 할 수 있을 거라 예상했습니다. 그 결과 금주는 무법의 시대를 낳게 됩니다. 술을 밀수, 밀매하는 갱들이 판을 쳤고, 폭력이나 살인을 비롯한 각종 조직적인 범죄가 성행하게 됩니다. 이때 '밤의 대통령'이라 불리는 마피아 '알 카포네'가 세상에 악명을 떨치기 시작합니다.

알 카포네 머그샷. ⒸFBI

알 카포네는 시카고에서 1,000여 명의 조직원을 이끌며 불법 알코올 제조와 유통에 기반을 둔 범죄 제국인 '시카고 아웃핏'을 구축합니다. 이탈리아계 마피아 알 카포네는 스물한 살에 시카고 뒷골목을 장악하고 주류 사업과 성매매 알선, 도박 등으로 연간 6,000만 달러를 벌었습니다. 마피아 영화에서 클리셰처럼 등장하는 중절모를 삐딱하게 쓰고 시가를 태우며 톰슨 기관단총을 쏴갈기는 모습은 알 카포네 갱단에서 모티브를 따왔다고 봐도 무방합니다. 당시 각계각층의 관료를 포함해 정치인, 판사까지 매수해 그를 합법적으로 체포할 수 있는 사람이 없었다고 합니다. 심지어 양조 시설까지 사들여 직접 밀주를 제조하기도 했습니다.

## 알 카포네와 밀주

당대 최대 유통망을 갖춘 알 카포네는 레스토랑, 나이트클럽 등에 밀주를 판매하기 시작합니다. 여기서 중요한 것은, 경찰에 걸리지 않고 소비자에게 술을 안전하게 전달하는 것이었습니다. 즉, 경찰보다 빠르고 성능 좋은 자동차와 귀신같은 운전 실력을 겸비한 드라이버들이 필요했습니다. 이들은 기존 차량의 엔진을 출력 좋은 고성능 엔진으로 바꾸고, 조수석과 뒷자리를 제거해 최대한 많은 밀주를 운반했습니다. 경찰과의 추격전을 대비한 다양한 꼼수도 눈에 띕니다. 버튼 하나만 누르면 연막이 터지면서 추격하는 차량에 기름을 뿌리고 압정을 발사하는 등 다양한 기능을 탑재한 차량이 등장했습니다. 실제로 이 시기에 화려한 운전 실력을 뽐내며 드리프트도 자유자재로 하는 '베스트 드라이버'들이 배출됐다고 합니다. 이는 훗날 미국 최대 자동차 경주 대회인 '나스카NASCAR' 탄생의 결정적인 계기가 되기도 합니다.

금주법이 폐지될 무렵에는 대다수의 증류소가 폐업하게 되고 미국 주류 산업도 심각한 타격을 입게 됩니다. 금주법은 사회의 부패를 바로 잡으려는 시도로 시작됐지만, 부패의 주요 원인으로 전락했습니다. 금주법의 유일한 수혜자는 주류 밀매 업자와 범죄 집단, 정부의 부패한 세력뿐이었습니다.

1929년 10월에 대공황이 미국을 덮치면서 금주법은 힘을 잃게 됩니다. 증권 시장의 붕괴로 주가가 폭락하고 생산 산업은 반토막이 납니다. 무역량은 70퍼센트 축소됐으며, 실업률은 25퍼센트까지 치솟았습니다. 악의 고리가 형성된 셈입니다. 버번과 증류주의 주요 원료인 옥수수나 곡물 등은 창고에 쌓이거나 버려졌습니다. 결국 미국 정부는 주류 판매를 통해 세수를 회복하고 음지로 빠진 양조 업계를 다시 살려야겠다고 판단하게 됩니다. 루스벨트가 금주법 폐지를 제1공약으로 내세워 전 국민의 엄청난

지지와 함께 1932년 대통령으로 당선됩니다. 이듬해 1933년, 금주법은 역사 속으로 사라지게 됩니다.

막혔던 혈관이 트이면서 미국 거리에는 술이 돌고, 도시는 다시 활력을 찾기 시작합니다. 양조업자들은 산속에서 다시 도시로 돌아왔고 음지에 있던 술집들은 다시 양지로 나오게 됩니다. 마피아들은 주 수입원이었던 밀주가 없어지면서 점점 설 자리를 잃게 됩니다.

금주법이 시행된 13년 동안 정체를 알 수 없는 독주로 인한 사망자 수는 1만여 명. 일시적으로 본래의 목적을 달성했다는 시각도 있지만 그 후 폭풍은 거셌습니다. 알 카포네 같은 갱단의 조직적인 밀주 유통이 오늘날 마약 밀매 사업의 원조가 됐다고 보는 이들도 있습니다. 인간의 이상과 현실의 괴리는 생각보다 컸습니다.

# 우리 집 얼음이
# 맛없는 이유

◆━━━━◆

하이볼이나 칵테일에서 얼음을 빼놓고 이야기하기는 어렵습니다. 얼음 크기나 모양에 따라 제조된 음료의 맛이 바뀌기 때문입니다. 특히 바텐더들은 음료 온도부터 얼음에 희석되는 농도까지 계산해서 최종 결과물을 내놓습니다. 이 중에서 한 가지만 잘못돼도 맛의 밸런스가 무너지고 술맛을 버리게 됩니다.

## 천천히 녹는 얼음의 비밀

집에서 얼린 얼음은 유난히 뿌옇고 빨리 녹는다는 느낌이 듭니다. 혹시 불순물이 끼어 있는 것은 아닌지 의심스럽기까지 합니다. 반면 몰트 바에

몰트 바에서 사용하는 얼음(왼쪽)과 집에서 직접 얼린 얼음 모습.

서 제공하는 얼음은 투명하고 단단해서 쉽사리 녹지도 않습니다. 이는 기분 탓이 아닙니다. 얼음이라고 다 똑같지 않습니다. 어떻게 얼리느냐에 따라 녹는 속도와 강도가 달라집니다.

몰트 바 얼음과 가정용 얼음은 얼리는 방식에 차이가 있습니다. 바의 경우 천천히 얼립니다. 가정에서 얼리는 얼음보다 높은 온도에서 얼린다는 뜻이지요. 가정용 냉장고의 경우 영하 18도에서 급속으로 얼리는 반면, 바에서는 물이 어는 0도에 최대한 가까운 온도로 48시간 이상 오래 얼립니다.

급속으로 만들어지는 얼음은 분자구조가 불안정하고 기포와 틈이 발생해 약하고 빨리 녹습니다. 일반적으로 얼음은 표면부터 얼기 때문에 공기가 가운데로 몰려 기포의 흔적이 남습니다. 얼음이 불투명해 보이는 이

각진 얼음보다 둥글게 카빙된 얼음이 음료에 닿는 면적이 좁아서 더 천천히 녹는다. ©Shutterstock

유입니다. 천천히 얼리는 얼음의 경우 공기가 바깥으로 빠져나갈 수 있는
이탈 시간이 충분하므로 투명하고 깨끗한 얼음이 만들어집니다. 즉 바에
서 판매하는 것 같은 얼음을 집에서 만들고 싶다면 얼리는 온도를 조절해
야 합니다.

　얼음은 모양에 따라 녹는 속도도 달라집니다. 음료가 닿는 표면적이 넓
을수록 얼음은 빨리 녹게 됩니다. 일반적으로 각진 얼음보다는 최대한 모
서리 없이 둥글게 카빙된 얼음이 음료에 닿는 면적이 좁아서 더 천천히
녹습니다. 크고 단단한 얼음일수록 음료 본연의 맛이 잘 유지될 수 있는 셈
입니다. 대화 몇 마디에 밍밍해진 음료처럼 비참한 상황은 없을 것입니다.
　가끔 얼음의 중요성을 놓치는 분들이 있습니다. 한편으로는 그만큼 얼음의 존재가 익숙해졌다는 방증일지도 모르겠습니다. 하지만 처음부터 얼음이 이렇게 흔하지는 않았습니다. 수많은 우여곡절을 거쳐 우리 손에 들어오게 된 얼음, 그 시작은 기원전으로 거슬러 올라갑니다.

## 얼음왕 튜더의 탄생

마케도니아 알렉산더 대왕은 알프스에 쌓인 눈에 우유나 꿀을 섞어 마셨고, 로마제국 네로 황제는 만년설에 포도주를 차갑게 해서 마셨습니다. 그가 눈을 공수해오는 군인들에게 "로마에 도착하기 전에 눈이 녹으면 사형에 처한다."는 명령을 내렸다는 일화도 있습니다.

기원전 400년경 페르시아인들은 '야크찰'이라 불리는 얼음집을 만들고 식품이나 음료 등을 보관했습니다. 오스만제국 궁중에서는 술탄이나 귀족정도 되는 사람들만 얼음을 먹었고, 17세기에는 이탈리아 부유층이 즐겨 먹는 아이스크림의 시초인 셔벗으로 발전합니다. 18세기까지 얼음은 귀족들만 즐길 수 있던 사치품이었습니다. 하지만 '얼음왕'이라 불리는 프레더릭 튜더가 나타나면서 세상이 바뀝니다.

1806년, 23세의 프레더릭 튜더는 미국 매사추세츠의 연못에서 거대한 얼음을 잘라다 배에 싣고, 찜통더위로 가득한 카리브해에 진입합니다. 평생 얼음을 본 적도 없는 사람들에게 얼음을 팔기 위해서였습니다. 당시 얼음 창고가 있을 만큼 부유한 집안에서 태어난 튜더는 여름에 얼음을 동동 띄운 음료의 매력을 전 세계 사람들에게 알릴 셈이었던 것이죠. 의도는 좋았습니다. 그는 카리브해 마르티니크섬에 있는 바텐더들에게 얼음을 나눠주기로 결심합니다. 더운 날 시원한 음료를 한 번이라도 마셔본 사람이라면 두 번 다시 따뜻한 음료를 마시지 않을 것이라는 확신에서였습니다.

하지만 매사추세츠에서 카리브해까지 거리는 2,400킬로미터. 아무리 빨라도 배로 3주는 걸렸을 것입니다. 첫 번째 수송선의 얼음은 대부분 녹아 없어지면서 본전도 못 찾고 끝납니다. 게다가 난생처음 얼음을 받아본 현지인들의 무관심도 실패에 한몫합니다. 이후 쿠바로 보낸 수송선도 연이어 실패로 끝나면서 결국 파산하여 1812년까지 채무자 신세를 면치 못하고 감옥 생활까지 하게 됩니다. 하지만 튜더의 뚝심은 생각보다 강했습니다.

튜더는 효율적인 방식을 찾으려 끊임없이 도전했고 쿠바에 정기적으로 얼음을 납품하면서 수익을 내기 시작합니다. 그는 톱밥으로 얼음의 단열 문제를 해결하고 개선된 항해술로 운송 시간을 단축합니다. 그 후 1830년 인도 캘커타에 얼음을 팔기 시작하면서 본격적으로 돈방석에 앉습니다. 당시 미국에서 캘커타까지의 거리는 26,000킬로미터로 배로 4개월이 걸렸다고 합니다. 인도로 가는 그의 첫 수송선에는 얼음 약 180톤이 실렸습니다. 항해 중에 80톤이 녹았지만, 나머지 100톤만 팔아도 충분한 수익이 났다고 합니다. 이렇게 튜더와 인도 간의 긴밀한 거래는 20년 동안 지속됩니다.

튜더는 1856년까지 유럽과 인도 등 전 세계 43국에 얼음 창고를 만들고 연간 500만 톤이 넘는 천연빙을 팔아 '얼음왕'으로 불리게 됩니다. 하지만 얼음 장사는 19세기 후반을 정점으로 꺾이기 시작합니다. 냉장고가 발명되었기 때문이죠.


## 냉장 기술의 발달


최초의 인공 얼음은 스코틀랜드의 의사이자 화학자인 윌리엄 컬런 William Cullen 교수가 시연했습니다. 그는 땀이 마르면 피부가 열을 빼앗기면서 시원해진다는 점에서 아이디어를 얻습니다. 액체가 기체로 바뀌는 과정에서 냉각 효과를 본 것이지요. 하지만 1748년 당시에는 실험에 그칩니다.

오늘날 우리가 알고 있는 최초의 가정용 냉장고는 1913년 미국인 프레드 울프Fred W. Wolf가 탄생시키고, 1918년에 캘비네이터사 제품이 보급되면서 대중에게 알려집니다. 하지만 초창기 냉장고 가격은 500~1,000달러 사이. 일반 가정에서 쓰기에는 부담이 너무 컸습니다. 1925년 제너럴 일렉트릭사가 생산한 '모니터 톱' 냉장고가 실질적인 대중화를 이끌었고, 2차 세계대전 이후 본격적으로 확산되기 시작합니다.

한편, 우리나라는 1950년대 후반까지 한강에서 얼음을 채취하는 풍경을 목격할 수 있었습니다. 서울 용산구에 있는 '서빙고동'과 '동빙고동'은 조선 시대 얼음을 저장하는 창고가 있었기 때문에 붙은 이름입니다. 국내에서는 1965년 금성사(현 LG전자)에서 첫 국산 냉장고를 개발했습니다.

1957년, 한강에서 얼음을 채취하는 모습. ⓒ국가기록원

우리가 손쉽게 마시는 음료 속 얼음에는 한 청년의 황당한 아이디어와 수많은 우연이 농축된 역사가 담겨 있습니다. 더 이상 목숨 걸고 알프스 봉우리에서 만년설을 찾을 필요도 없고 호수에서 얼음을 깨 올 일도 없습니다. 한때 왕이나 귀족들의 전유물이 이제는 전 세계인의 필수품이 된 것이지요. 덕분에 하루를 마무리할 수 있는 칵테일도 편안하게 즐길 수 있고요. 다음 잔은 얼음왕을 위해 건배해보는 것은 어떨까요.

# 굽은 목, 말린 등…
# 몽키숄더의 충격적인 정체

＊――――＊

현대인의 하루는 스마트폰 알람을 끄는 데서 시작합니다. 일과의 마무리는 다음 날 알람을 설정하면서 끝이 나겠지요. 그 결과 스마트폰 없이 생활하는 것을 힘들어하는 '포노사피엔스' 신생 인류가 탄생했습니다. 게다가 뜻하지 않게 안구 건조증과 목이 굽어서 펴질 줄 모르는 거북목이라는 부작용까지 생겼습니다.

조금 더 과거로 돌아가보겠습니다. 17세기 위스키 제조 과정에서 등이 앞으로 굽고 어깨가 빠지는 듯한 관절통을 견뎌야 하는 사람들이 있었습니다. 이들은 증류소에서 위스키의 가장 핵심 원료인 보리를 관리하는 '몰트맨'들입니다. 위스키 제조 과정은 크게 몰팅Malting → 매싱Mashing → 발효 Fermentation → 증류Distillation → 숙성Maturation의 단계를 거칩니다. 여기서 가장 첫 번째 단계인 몰팅을 책임지는 사람이 몰트맨입니다.

몰트맨들은 4시간마다, 쟁기와 삽 등을 이용해 바닥에 있는 모든 보리를 손수 뒤집는다. ⓒ윌리엄그랜트앤선즈코리아

몰팅이란 보리에 싹을 틔워 맥아로 만드는 과정입니다. 즉, 보리가 가진 녹말 성분을 추출하는 작업입니다. 1850년대까지는 '플로어 몰팅Floor Malting'이라고 불리는 공정이 보리를 맥아로 만드는 유일한 방법이었습니다. 문제는 이 과정이 생각만큼 쉽지 않았다는 점이었습니다.

## 몰트맨들의 험난한 일과

보리가 맥아가 되려면 몇 가지 중요한 절차들을 거쳐야 합니다. 먼저 보리의 수분 함량이 40~48퍼센트에 도달할 때까지 물에 2~3일 불립니다. 물에서 건져낸 보리는 볕이 들지 않는 온돌방 같은 평평한 바닥에 약 30~40센티미터 두께로 펼칩니다. 바닥에 깔린 축축한 보리가 그대로 방치되거나 공기가 안 통하면 고스란히 썩습니다. 이 때문에 몰트맨들은 4시간마다 쟁기와 삽 등을 이용해 바닥에 있는 모든 보리를 뒤집어야 합니다. 균일하지 못한 삽질은 맛의 불균형으로 이어지기 때문에 굉장히 꼼꼼하게 진행해야 합니다. 보리가 싹을 틔울 수 있는 최적 온도는 16~20도입니다. 즉, 추운 날씨에는 창문을 닫아, 보리를 따뜻하게 유지해야 하고 더운 날씨에는 창문을 열어 방을 환기해야 합니다.

이 과정을 4~5일 동안, 하루 3회씩 반복하면 곡물에 2~3센티미터의 싹이 트고 당분이 생성됩니다. 적당히 싹이 난 보리는 열을 가해 건조시켜야 합니다. 싹이 트기 시작하면 보리의 성장 동력인 아밀라아제에 의해 녹말 성분이 전부 사라지기 때문입니다. 싹이 튼 보리는 증류소의 파고다 지붕 아래에 있는 가마실로 옮겨 석탄이나 이탄 등을 사용해 건조합니다. 이는 위스키 맛의 방향성이 결정되는, 다양한 향이 배는 과정입니다. 이렇게 건조된 보리의 수분 함량이 2퍼센트까지 낮춰지면 비로소 맥아가 완성됩니다. 얼핏 보면 꽤 낭만적인 제조법으로 보일지도 모르겠지만 당사자들에게는 매우 노동 집약적이고 중노동에 가까운 기법이었습니다.

눈 오는 날 제설 작업을 한 번이라도 해본 분들이라면 바로 눈치챘을 겁니다. 평생 온종일 수천 킬로그램의 보리를 삽으로 뒤집는 상상을 해보세요. 아마 없던 병도 생길 것입니다. 그래서 당시 스코틀랜드의 '위스키

몽키숄더라는 이름은 실제로 사람의 어깨가 원숭이처럼 점점 굽는다고 하여 붙여진 이름이다. 병에 포개
져 있는 원숭이 세 마리는 각각 발베니, 글렌피딕, 키닌비 증류소를 상징한다.

수도'로 불렸던 스페이사이드 지역의 더프타운에서는 '몽키숄더'라는 이상한 이름의 병이 퍼지기 시작합니다. 다소 우스꽝스럽게 들리는 몽키숄더라는 이름은 실제로 사람의 어깨가 원숭이처럼 점점 굽는다고 하여 붙여진 이름입니다. 이는 일종의 관절염으로 당시 찬바람 쐬며 플로어 몰팅을 해오던 몰팅맨들이 감당해야 했던 안타까운 질병이었습니다.

## 몰트맨들의 노고를 기리며 탄생한 몽키숄더

2005년에 발베니가 소속된 '윌리엄 그랜트 앤 선즈'는 몽키숄더라는 이름의 위스키를 하나 출시합니다. 몽키숄더를 브랜드명으로 지은 것은 전통 스카치위스키 제조법에 대한 헌사이자 몰팅맨들의 노고를 기리기 위함이었다고 합니다.

몽키숄더는 싱글 몰트위스키끼리만 블렌딩한 블렌디드 몰트위스키입니다. 주요 키 몰트로는 누구나 들어봤을 법한 발베니, 글렌피딕 그리고 키닌뷰의 원액이 사용된 것으로 알려져 있습니다. 병에는 특이하게 원숭이 세 마리가 포개져 있는데 이는 각 증류소의 몰트맨들을 상징적으로 표현했다고 합니다. 몽키숄더는 숙성 연수를 밝히지 않은 나스NAS 위스키지만 저숙성 특유의 알코올 찌르는 맛 없이 매우 부드럽고 밸런스가 좋은 편입니다. 발베니 특유의 바닐라와 꿀이 연상되는 달콤함과 글렌피딕의 상큼한 과일 맛이 인상적입니다. 입안에 남는 대단한 여운은 없지만 편하게 꿀떡꿀떡 넘기기 좋은 위스키입니다.

세계적인 주류 전문 매체 드링크스 인터내셔널Drinks International이 발표한
2024년 자료에 따르면, 전 세계 유명 바 100곳에서 조니워커 다음으로 많
이 팔린 스카치위스키가 몽키숄더였습니다. 조니워커는 28퍼센트의 지지
율로 1등을 차지했으며 몽키숄더, 맥캘란, 글렌모렌지, 시바스리갈, 라프
로익이 그 뒤를 따랐습니다. 태생이 칵테일 기주인 몽키숄더가 조니워커
다음으로 전 세계 바텐더들이 가장 선호하는 제품 중 하나로 꼽힌 것입니
다. 그래서인지 하이볼로 타 마셨을 때 유난히 더 맛있게 느껴지기도 합
니다.

물론 높은 도수에 익숙해진 분들에겐 알코올 도수 40도인 몽키숄더가
주는 맛이 다소 밍밍하게 느껴질 수도 있습니다. 하지만 이제 막 위스키
를 접하는 입문자에게는 꽤 괜찮은 출발점이 될 수 있습니다. 가격은 4만
~5만 원대로 구매하면 적당합니다.


## 역사 속으로 사라져 가는 플로어 몰팅

한편 대부분의 스카치위스키 증류소들은 현재 플로어 몰팅을 중단하고
현대화된 설비를 구축해 사람 손을 대신하고 있습니다. 기계를 사용하는
몰팅이 더 생산적이고 일정한 결과물을 얻을 수 있다는 게 전문가들의 공
통된 의견입니다. 그런데도 여전히 플로어 몰팅을 고집하는 증류소들은 남

전 세계 바텐더들이 가장 선호하는 제품으로 꼽힌 몽키숄더.

아 있습니다. 플로어 몰팅만이 주는 독특한 풍미가 있다고 믿는 것이지요.

소비자들 입장에서는 가뭄에 단비 같은 증류소들입니다. 하지만 이 또한 전체 몰트의 10~30퍼센트에 불과합니다. 이는 부분적으로라도 전통을 지키거나 증류소를 찾아오는 고객을 위한 일종의 퍼포먼스인 셈입니다. 지금까지 100퍼센트 플로어 몰팅을 하는 증류소는 스코틀랜드 캠벨타운에 있는 스프링뱅크 증류소가 유일합니다.

늘 전통과 옛것을 찾아 헤매는 위스키 마니아들 사이에서 플로어 몰팅의 인기는 좋을 수밖에 없습니다. 손수 만든 위스키의 헤리티지를 포기하기 어려운 것이요. 그렇다고 플로어 몰팅과 기계식 몰팅으로 제작된 맥아의 풍미를 구분할 수 있는지는 미지수입니다. 하지만 역사가 늘 그래왔듯이 작은 디테일이 큰 변화를 불러옵니다. 한평생 투철한 장인 정신으로 맥아를 싹 틔웠던 몰트맨들의 노고를 기려보면 어떨까요.

# 고집불통 트럼프의 취임 선물로
# '컵' 선택한 영국 총리

◆ —— ■ ——

2017년, 미영美英 정상회담. 테리사 메이 당시 영국 총리가 도널드 트럼프 미국 대통령에게 물건 하나를 전달합니다. 트럼프 당시 미국 대통령이 취임 후 영국으로부터 받은 첫 공식 선물이었던 셈이죠. 얼핏 보면 사약 그릇으로 오해할 수도 있지만 가운데가 움푹 파이고 양쪽에 손잡이가 달린 조가비 모양의 '퀘이크Quaich'라는 컵이었습니다.

## 사람 피와 인신 공양으로 탄생한 퀘이크

퀘이크는 영국에서 우리 돈으로 3만~10만 원 수준이면 구매할 수 있는 대중적인 물건입니다. 중세 시대부터 사용해온 영국의 전통적인 술잔인

스코틀랜드 전통 잔 퀘이크.

퀘이크는 스코틀랜드 게일어로 컵을 의미합니다. 역대 미국 대통령 중 가장 재산이 많은 것으로 알려진 도널드 트럼프에게 일반인들은 몇만 원이면 사서 쓰는 컵을 선물한 것이지요.

그런데 이 컵에는 생각보다 많은 의미가 담겨 있습니다. 위스키를 좋아하고 입문 수준에서 진일보하고 싶다면 반드시 퀘이크에 관해 알아야 합니다. 그 역사는 중세로 거슬러 올라갑니다.

'의학의 아버지' 히포크라테스를 비롯한 중세 의료계에서는 사람의 피를 뽑아서 버리는 관행이 있었습니다. 건강을 유지하려면 몸에서 나쁜 액체를 빼내야 한다고 믿었던 것이지요. 물론 대부분의 방혈放血은 과다 출혈로 인한 사망으로 이어졌지만, 그 결과와 상관없이 이러한 의료 행위를 위해 피를 담는 그릇으로 탄생한 것이 퀘이크라는 설이 있습니다. 고대

퀘이크의 바닥이나 손잡이에는 자기 부족이나 가문의 문양을 새기기도 한다.

켈트족의 고위 전문직 계급인 드루이드들이 인신 공양을 집전할 때, 인간의 심장에서 흘러나온 피로 퀘이크를 채웠다는 일화도 전해져 옵니다.

반면 가리비 모양에서 영감을 얻은 컵일 뿐이라는 주장도 있습니다. 해안가나 섬에서 조개껍데기에 위스키를 마시면서 자연스럽게 대체품을 만들었다는 것이지요. 어찌 됐든 단순히 물만 따라 마시는 평범한 컵은 아니었던 것 같습니다.

전통적으로 퀘이크는 양옆에 두 개의 손잡이가 달린 나무 컵의 형태입니다. 컵 바닥이나 손잡이에는 자기 부족이나 가문의 문양을 새기기도 합니다. 점차 소재나 크기도 천차만별로 변해갑니다. 일반적인 목재부터 백랍, 화려한 은, 금 등 고가의 재료에 이르기까지 그 종류가 다양해지는 것이지요. 심지어 세숫대야만 한 큰 퀘이크도 만들어지고 있습니다.

## 사랑과 우정, 평화의 상징 퀘이크

퀘이크는 사랑과 우정 그리고 평화의 상징이었습니다. 지금은 상투적으로 들리는 단어들이지만 중세 영국에서는 다소 '낯선' 단어들이었습니다. 중세 영국의 역사는 동족 살인과 배신, 수많은 권모술수, 여러 부족의 왕좌 쟁탈전으로 요약할 수 있기 때문이지요. 투쟁 없이 왕좌에 오른 군주는 없었으며 대부분 뜻하지 않게 왕좌의 자리를 내줘야 했습니다. 스코틀랜드의 왕 제임스 1세는 1437년 그의 삼촌에 의해 살해됐고 그의 아들 제임스 2세는 대포에 맞아 사망합니다. 제임스 3세는 이제 막 열다섯 살 된 아들과의 전투 끝에 살해당하고 제임스 4세는 처남에 의해 생을 마감합니다. 단 한 순간도 긴장의 끈을 놓을 수 없었던 '왕좌의 게임'이 계속됐던 셈입니다.

1589년 스코틀랜드의 제임스 6세가 덴마크의 안나 공주에게 결혼 선물로 퀘이크를 전달하면서 컵이 주목받기 시작합니다. 제임스는 안나가 스코틀랜드로 무사히 올 수 있도록 전국적으로 기도회와 예배를 열었으며, 안나가 탄 배의 안위를 지속해서 보고받았습니다. 심지어 안나를 위해 노래를 쓸 정도로 그녀를 사랑했다고 합니다. 한 역사학자는 이에 대해 "제임스 6세의 삶에서 가장 낭만적인 순간"이라고 평가했습니다. 이렇게 그가 안나에게 건네준 퀘이크가 사랑의 상징으로 알려지게 된 것입니다.

손잡이가 두 개 달린 퀘이크는 수 세기 동안 하이랜드 지역 족장들끼리도 교환했습니다. 이는 환대의 표시이자 연대감의 상징이었습니다. 상대방으로부터 퀘이크를 전달받을 때는 양손으로 받는 게 일반적입니다. 서로에 대한 존중과 신뢰의 의미도 담겨 있는 것이지요. 그런데 이렇게 된 배경에는 생각보다 현실적인 이유도 있었습니다. 술잔을 양손으로 주고받아야 남은 한 손으로 무기를 꺼내 상대를 죽일 수 없기 때문입니다. 최소한 술잔이 오가는 동안은 평화가 유지됐던 셈입니다. 같은 이유로, 퀘이크를 손님에게 제공하기 전에는 주인이 먼저 술을 한 모금 마셔야 합니다. 눈앞에서 몸소 기미상궁 역할을 해줬던 것입니다.

일부 퀘이크의 바닥은 유리로 만들어졌는데 이 또한 언제 뒤통수를 칠지 모를 상대방의 동태를 살피기 위함이었다고 합니다. 술잔을 비우면서도 한 눈으로는 상대방을 주시하고 있었던 것이지요.


## 스코틀랜드 전통 행사에 단골처럼 등장하는 퀘이크

퀘이크는 스코틀랜드의 전통 결혼식 때도 자주 등장합니다. 피로연 때 남녀가 퀘이크에 담긴 술을 함께 나눠 마시는 것이지요. 때로는 온 가족이 다 같이 나눠 마시기도 합니다. 이제는 모두가 한 가족이 됐음을 환영하는 의미로 볼 수 있습니다. 여기서 어떻게 마시는지는 중요하지 않습니다. 술자리에서 '의리 게임'처럼 입술만 살짝 담그고 상대방에게 건네줘도 무방합니다. 물론 마지막으로 술잔을 전달받은 사람이 머리 위로 잔을 털어내면 분위기가 더욱 무르익을지도 모르겠습니다. 내용물도 꼭 술일 필요는 없습니다. 전통적으로는 스카치위스키를 마셨지만, 브랜디, 물, 심지어 차를 담아도 상관없습니다. 중요한 것은 특별한 순간을 함께 하는

찰스 3세 국왕 부부가 스코틀랜드 전통 행사에서 퀘이크에 담긴 위스키를 마시는 모습. 2005년 8월 6일. ⓒ게티이미지코리아

데 그 의미가 있습니다.

스코틀랜드 어부들의 퀘이크 사랑도 남다릅니다. 그들은 매년 연어 시즌의 시작을 축하하기 위해 퀘이크에 스카치위스키를 담아 강으로 뿌리고 있습니다. 이는 연어의 건강뿐만 아니라 강에 축복을 기리는 의식입니다.

오늘날까지도 퀘이크는 스코틀랜드에서 이뤄지는 다양한 기념행사에 단골처럼 등장하고 있습니다. 왕이나 왕비, 총리가 존경의 의미로 손님들에게 선물하기도 합니다. 메이 전 총리가 트럼프 전 미국 대통령에게 건네준 퀘이크도 이러한 의미가 담겨 있었을 것으로 보입니다. 단순히 컵이 아닌 스코틀랜드의 오랜 전통과 유산을 선물한 셈이지요. 당시 정상회담은 양국 간의 끈끈한 유대 관계와 공통의 이익에 바탕을 둔, 관계의 힘과 중요성에 대한 입장을 재차 확인한 것으로 평가됩니다. 퀘이크 선물이 중세 때부터 품어온 힘을 발휘한 것일지도 모르겠습니다.

# 야마자키, 히비키 없어요…
# 가짜 술까지 등장한 일본 위스키

·———·

## 야마자키, 히비키 없어요!

일본 후쿠오카에 있는 주류 숍에 한글을 손으로 그린 듯한 안내판이 눈길을 끕니다. 막상 가게 사장님과는 한글은 물론 영어로도 소통이 쉽지 않습니다. 손짓, 발짓에 스마트폰 번역기까지 동원해야 겨우 말이 통합니다.

샴드뱅이라 불리는 이곳은 오래전부터 위스키 마니아들에게 성지와 같은 곳입니다. 웬만한 위스키는 전부 권장 소비자 가격MSRP에 가까운 가격으로 한국 소비자가의 반값에 판매되는 곳이죠. 코로나19 전까지만 해도 주류 매대가 꽉 찼던 이곳이, 이제는 소문이 나서 메뚜기떼가 휩쓸고 간 것처럼 황폐해졌습니다. 하지만 타지까지 와서 빈손으로 돌아가기에는

일본 후쿠오카에 위치한 주류 숍. 한글로 '야마자키, 히비키 없어요!'라고 적은 안내판이 보인다.

아쉬울 수밖에 없습니다. 그렇게 탄생한 한국인들의 단골 멘트 중 하나가 "야마자키, 히비키 있어요?"입니다. 하지만 하루에 수십에서 수백 명의 똑같은 질문에 답변하기 곤란해진 사장님이 묘책으로 고안해낸 게 한글 안내판입니다. 맥캘란은 몰라도 야마자키나 히비키를 모르는 사람은 거의 없는 것 같습니다.

일본 위스키가 자국 내에서 종적을 감춘 지는 이미 수년이 지났습니다. 해당 브랜드의 증류소에서조차 보틀 구매가 쉽지 않은 상황이죠. 어렵게 일본 시내에서 발품 팔아 발견한 제품들도 대부분은 이미 피Fee가 잔뜩 붙어, 출시 가격의 두 배 이상 비싼 가격에 판매 중입니다. 한때 일본의 잡화점인 '돈키호테'에서 1만 엔에 판매되던 싱글 몰트 야마자키 12년은 국내에서 50만 원에 가까운 가격에 거래되고 있습니다. 블렌디드 위스키인 히비키도 대형마트 오픈런 아니면 정가에 구할 길이 없습니다. 심지어 최근 일본에서는 일본 위스키의 인기를 악용하는 짝퉁 업자들까지 등장해 사회적으로 큰 파장을 일으키고 있다고 합니다. 물 들어올 때 노 젓는 가짜 위스키 업자들이 양심까지 팔기 시작한 것이죠. 이쯤 되면 궁금할 겁니다. 대체 일본 위스키가 뭐길래 인간의 도덕성까지 포기하게 했는지.

## 일본 위스키의 두 전설, 도리이 신지로와 타케츠루 마사타카

최초로 일본에 위스키가 알려진 시기는 1800년대 중반입니다. 1860년대 요코하마의 한 호텔 바에서 위스키를 판매했다는 기록이 이를 증명해주죠. 하지만 당시 수입 위스키의 가격이 너무 비쌌기 때문에 주정에 색소와 향신료를 더한 유사 위스키가 성행했습니다. 우리나라로 치자면 1980년대 출시됐던 캡틴큐나 나폴레옹 같은 제품들이죠. 하지만 언제까지 이런 가짜 술만 마실 수 없다고 판단한 사람들이 있었으니 바로 산토리 위스키의 창업주인 도리이 신지로와 니카 위스키를 설립한 타케츠루 마사타카입니다. 위스키의 불모지나 다름없던 일본을 위스키 강국으로 만든 두 주인공이죠.

사케 양조장의 아들이자 직원이었던 타케츠루 마사타카는 1916년 스코틀랜드로 위스키 유학을 떠납니다. 그는 스페이사이드의 롱몬 증류소와 캠벨타운에서 위스키 제조법을 배웠고 직원들이 가장 꺼리는 증류기 내부 청소까지 자청할 정도로 열성적이었다고 합니다. 평소 모든 것을 메모

각종 산토리 위스키를 판매 중인 일본 후쿠오카에 위치한 주류 숍.

하고 그리는 습관을 지닌 타케츠루는 증류기의 생김새부터 모든 증류 과정을 기록했습니다. 1963년, 더글러스 홈 영국 외무장관이 일본을 방문했을 때 "한 청년이 만년필과 노트로 위스키 제조 비밀을 모두 훔쳐 갔다"라며 농담한 일화가 있을 정도였죠.

일본 최초의 위스키를 꿈꿨던 타케츠루는 현지에서 만난 스코틀랜드 여성 리타와 결혼한 후 4년 만에 일본으로 귀국했습니다. 하지만 현실은 녹록치 않았습니다. 1920년대는 1차 세계대전의 여파와 미국에서 금주법이 시행되면서 사회적으로 술에 대한 인식이 나빠진 상황이었습니다. 어디 가서 술 만든다는 이야기 자체가 불편했던 상황이죠. 그가 다니고 있던 사케 회사도 위스키 제조에 회의적일 수밖에 없었습니다. 그렇게 타케츠루의 '진짜 위스키'를 향한 꿈은 좌초되고 2년 후 결국 사케 양조장을 그만두기에 이릅니다.

비슷한 시기에 타케츠루와 같은 꿈을 꾸는 사람이 있었습니다. 바로 '오사카의 코'로 불리는 도리이 신지로입니다. 누구보다 향에 민감했던 그는 1899년 일본 최초의 와인인 '아카타마 포트와인'을 출시해 대박이 났습니다. 성공적으로 와인 사업을 이어가던 도리이는 고품질 위스키에 대한 야망은 있었으나 이를 실현해줄 기술자를 찾을 수 없었습니다. 스코틀랜드에서 기술자를 데려오려고 했던 도리이는 긴 수소문 끝에 재야에 있던 타케츠루를 발견해 영입하게 됩니다. 당시 대졸 신입 사원의 첫 월급이 40~50엔이던 시절, 10년 계약에 연봉 4,000엔이라는 파격적인 제안으로 모신 귀한 인재였습니다. 그렇게 1923년, 제대로 된 위스키를 만들겠다는

일본 최초의 위스키인 '산토리
시로후다'. ©산토리

두 남자의 의지가 일본 최초의 위스키 증류소인 야마자키를 탄생시킨 것
입니다.

사업 수완이 뛰어났던 도리이는 증류소 터를 도심에 세울 것을 건의했
고 기술 담당인 타케츠루는 스코틀랜드와 환경이 가장 비슷한 홋카이도
로 가야 한다고 주장했습니다. 결국 합의를 통해 결정된 곳은 오사카의
야마자키란 지역입니다. 도심과 접근성이 좋으면서 스코틀랜드의 기후와
유사한 지역을 찾은 셈이죠. 이곳은 세 개의 강이 합류하여 스코틀랜드처

럼 안개가 끼고 습도도 높은 지역이었습니다. 즉 위스키 만드는 데 천혜의 자연조건을 갖춘 지역으로 볼 수 있습니다. 이곳에서 1929년, 일본 최초의 위스키인 '산토리 시로후다'가 탄생합니다.

하지만 문제는 이 위스키가 일본인들의 입맛에 안 맞았다는 점입니다. 시로후다는 화이트 라벨을 의미하며 저숙성 스피릿 같은 술이었다고 합니다. 심지어 스카치위스키 특유의 피트향까지 더해져 호불호가 극명하게 갈렸던 것이죠. 사케 같은 낮은 도수의 발효주에 익숙한 일본인들에게 알코올 40도와 훈제 향이 썩 즐겁지만은 않았을 것입니다. 결과적으로 이들의 첫 위스키는 대실패로 마침표를 찍습니다.

실패는 결국 두 사람의 '결별'로 이어집니다. 정통 스카치위스키를 추구했던 타케츠루는 결국 본인이 처음부터 원했던 홋카이도에 오늘날의 니카 증류소를 차리고 도리이는 시로후다의 아픔을 극복하고 1937년, 산토리 위스키의 대표 격인 가쿠빈을 출시합니다. 그는 사업가답게 대중의 입맛을 사로잡을 수 있는 위스키 맛에 집중해서 본격적인 성공 궤도에 오른 것입니다. 현재까지도 니카 증류소의 제품들은 산토리 제품들에 비해 피티하고 몰티한 개성이 더 강한 편입니다.


## 일본 위스키 전성시대

일본 위스키는 1964년 도쿄 올림픽을 계기로 비약적인 발전을 이룹니다. 몰트 바에서 마시다가 남은 술을 맡기는 키핑 문화가 퍼지기 시작했고 알코올 도수가 다소 높게 느껴질 수 있는 스카치위스키에 물을 섞어 마시는 미즈와리도 자리 잡기 시작합니다. 위스키는 자연스럽게 식중주로 성장하면서 하이볼과 함께 대중적인 소비층으로 퍼져나갑니다. 그렇게 1984년에는 산토리 최초의 싱글 몰트인 야마자키가 발매되고 5년 뒤 1989년에 블렌디드 위스키인 히비키가 출시됩니다.

일본 위스키는 2000년대 들어서 세계적인 평가를 받기 시작합니다. 산토리사의 '야마자키 2013년 셰리 캐스크'가 세계 최고의 위스키를 가리는 '월드 위스키 바이블'에서 100점 만점에 97.5점을 받아 1위를 차지한 것이죠. 당시 위스키 평론가인 짐 머레이는 야마자키에 대해 "형언할 수 없이 독창적이면서 뛰어난 작품"이라며 극찬을 아끼지 않았고 일본 위스키의 급부상은 스코틀랜드 위스키 산업에 울리는 경종이라는 발언까지 했습니다. 이 외에도 야마자키 18년, 히비키 21년, 30년 등이 각종 국제주류 평가대회에서 최우수상을 휩쓸면서 일본 위스키의 위상을 높였습니다.

일본 위스키를 히트시킨 또 다른 공로자는 드라마였습니다. NHK에서 타케츠루를 모티브로 한 드라마 '맛상'을 제작한 것입니다. 2014년부터 2015년까지 총 91화로 진행된 맛상은 아침 드라마임에도 불구하고 23퍼센트라는 시청률을 기록하며 일본 위스키의 소비 촉진을 불어넣었습니다. 맛상은 유학 시절 리타가 타케츠루를 부르던 애칭이었습니다.

드라마의 파급력은 어마어마했습니다. 위스키와 타케츠루 관련 서적은 출시와 동시에 절판이 됐습니다. 니카 증류소 투어의 방문자는 36퍼센트

토리사의 히비키 하모니(왼쪽), 야마자키12년 모습.

늘었고 그가 기술자로 있던 산토리 위스키의 인기도 정점을 찍었습니다. 예상치 못한 폭발적인 인기에 원액이 부족해지자, 산토리 위스키는 히비키 17년과 하쿠슈 12년의 판매 중지를 결정합니다. 하지만 이러한 품귀현상이 오히려 일본 위스키의 명성을 높였고 출시와 동시에 피가 붙는 상황을 만듭니다. 오늘날 대부분의 일본 위스키가 고숙성 원액 부족으로 숙성 연수 표기 없이 나스NAS로 출시되는 이유기도 하지요.

일본 위스키의 인기는 단순히 물량의 문제만으로 설명할 순 없습니다. 근본적으로 맛이 좋기 때문입니다. 특히 히비키나 야마자키로 입문하면서, 위스키는 쓰고 독하다는 선입견을 없앴다는 사람이 많습니다. 단순히 코를 찌르는 알코올 대신 향긋한 꽃향기와 달콤한 과일 풍미를 느꼈다는 의견도 공통적입니다.

산토리의 창업주 리이는 '얏테미나하레やってみなはれ'라는 말을 달고 살았습니다. 이는 "어디 한번 해봐."의 오사카 사투리입니다. 스코틀랜드에 지지 않는 일본 위스키를 만들겠다는 창업주의 일단 해보자 정신이 스며 있는 것이죠. 100년 동안 꿈을 잃지 않은 일본 특유의 장인 정신과 혁신을 위한 끊임없는 노력이 지금의 일본 위스키를 만든 것인지도 모르겠습니다.

한국도 이제 막 걸음마를 뗀 단계입니다. 우리만의 철학으로 끈기 있게 준비하고 견디면 언젠가는 세계가 인정해줄 날이 올 것이라고 믿습니다. 몇 년 전까지만 해도 한류가 이렇게 퍼질 것이라고 누가 예상이나 했을까요? 지금도 가격이 오르고 있는 일본 위스키를 아쉬워하며….

# 세금과의 전쟁이 낳은 괴물…
## '스피릿 세이프'

◆━━━◆

증류소에는 전면이 유리판과 황동색 구리로 설계된 금고가 있습니다. 스피릿 세이프라고 불리는 이 장치는 증류 과정에서 생산되는 모든 원액을 분석하고 제어하는 데 목적이 있습니다. 증류를 통해 스피릿 세이프로 흘러 들어간 스피릿은 '컷Cut'이라고 불리는 증류 기술에 의해 분류됩니다. 컷이란 적당한 타이밍에 스피릿의 핵심적인 결과물만 얻어내고 나머지는 쳐내는 데 목적이 있습니다.

소변 검사를 할 때 처음 나오는 소변은 버리고 중간 부분으로 검사를 진행합니다. 소변의 처음과 끝에는 검사에 방해되는 오염 물질이 함께 들어갈 수 있기 때문입니다. 위스키 스피릿을 뽑아내는 컷 과정도 비슷합니다. 증류를 통해 흘러나오는 스피릿은 보통 초류, 중류, 후류 총 세 가지로 분류됩니다. 증류 초반에 흘러나오는 초류는 알코올 도수가 80도에 육

스코틀랜드 글렌드로낙 증류소의 증류기 옆에 위치한 스피릿 세이프 모습.

박하며 메탄올 같은 유해 성분이 포함돼 있습니다. 자칫 눈이 멀 수도 있어서 따로 분류해놔야 합니다. 초류를 어느 정도 흘려보내면 알코올 도수가 75도 아래로 떨어집니다. 이때부터 스피릿의 가장 핵심이 되는 중류가 시작됩니다. 본격적으로 위스키에 쓰일 원액이 흘러나오는 시점이죠. 알코올 도수가 65도 아래로 떨어지면 후류로 분류됩니다. 이 부분은 알코올 도수가 너무 낮고 잡내 때문에 초류와 합쳐서 재증류 과정을 거칩니다.

이렇게 가장 '맛있는 부분'만 뽑아낸 중류는 전체 스피릿의 20~60퍼센트를 차지합니다. 우여곡절 끝에 완성된 스피릿은 오크통에서 숙성을 거쳐 위스키로 탄생하게 됩니다. 보통 스카치의 경우 스피릿 도수를 63.5도로 맞춰서 숙성합니다. 컷 범위를 어떻게 설정하는지에 따라 스피릿의 풍미가 달라집니다. 위스키 맛의 방향성을 결정짓는 마스터 디스틸러의 실험 정신과 역량이 발휘되는 부분이죠. 하지만 이 황동색 금고는 단순히 스피릿만 받기 위해 만들어진 장치는 아닙니다. 정확히는 증류소가 '나쁜 짓' 안 하고 정직하게 주세를 납부하는지 감시하기 위한 수단이었습니다.


## 세금 투쟁으로 일궈진 스카치의 역사

스카치의 역사는 '세금과의 전쟁'이라고 해도 과언이 아닐 것입니다. 1644년, 스코틀랜드 의회는 최초로 위스키에 세금을 부과합니다. 이때만 해도 세금이 높지 않았고 단속도 심하지는 않은 허울뿐인 법이었습니다. 하지만 1707년, 스코틀랜드와 잉글랜드 왕국이 합병되면서 1713년부터 '맥아세'가 생겨납니다. 맥아를 제조하고 판매하는 모든 것에 대해 과세하는 법이었죠. 내전으로 재정이 어려워진 잉글랜드는 어떻게든 동났던 국고를 충당해야 했습니다. 때마침 합병으로 인해 군기를 잡아야 했던 스코틀랜드에 세금을 걷기가 제격이었죠. 그렇게 잉글랜드는 위스키에 엄청난 양의 세금을 매기기 시작합니다.

맥아세는 스코틀랜드인들의 생존권과 직결돼 있던 문제입니다. 증류 기술만은 절대 빼앗길 수 없는 권리라고 생각한 스코틀랜드는 쉽사리 법안을 인정할 수 없었겠죠. 그들은 증류기를 통째로 들고 하이랜드 지역 깊은 산속으로 들어가 세금을 피해 불법 증류를 이어갔습니다. 밀주 업자와 세금 징수원 사이에 쫓고 쫓기는 목숨 건 '밀주 전쟁'이 시작된 것이죠.

100년 넘게 지속된 밀주 전쟁은 1823년 소비세법이 발효되면서 마침

스코틀랜드 발베니 증류소의 증류기 옆에 있는 스피릿 세이프 모습.

표를 찍습니다. 소비세법은 증류주에 대한 합리적인 세금을 설정하고 탈세를 막는 데 의의를 두고 있습니다. 또 증류소 간 공정한 경쟁의 장을 조성하고 소비자가 일관된 품질을 보장받을 수 있는 필수적인 법안이었습니다. 소비세법은 밀주 업자들이 합법적으로 증류 면허를 취득할 수 있는 환경을 조성해줬습니다. 스코틀랜드 증류소들의 공식 설립 날짜가 1823년 언저리인 게 우연은 아니죠. 하지만 100년 넘게 이어진 세금 징수원과 증류 업자와의 '애증' 관계가 쉽게 정리되지는 않았습니다.

## 족쇄가 된 스피릿 세이프

1820년대 제임스 폭스James Fox의 특허품인 스피릿 세이프는 소비세법에 따라 증류소 내 필수품이 됐습니다. 세금 징수원들에게 스피릿 세이프는 증류 작업 전체를 한눈에 파악하고 통제할 수 있는 완벽한 수단이었습니다. 당시 순수 알코올 1갤런당 10파운드의 수수료와 관세를 더한 금액을 내면 합법적인 증류로 인정됐습니다. 하지만 증류 업자에게는 족쇄나 다름없었겠죠. 합법적인 증류를 하기 위해서는 증류소도 울며 겨자 먹기로 이 황동빛 골동품을 도입할 수밖에 없었습니다. 국가 기관이 증류에 대한 단독 통제권을 행사하기 시작한 시점이죠.

밤새 밀주를 찾아 험준한 하이랜드 산길을 헤매던 세금 징수원들은 팔자가 폈습니다. 그들의 업무가 추적에서 감찰로 바뀐 것이죠. 세금 징수원들은 이제 다리 뻗고 증류소에 상주하며 스피릿 세이프와 숙성고만 관리하면 됐습니다. 당시 증류소는 이들을 위해 방까지 내줘야 했고 숙식도 의무적으로 제공해야 했습니다. 적과의 동침이 시작된 것이죠.

세금 징수원들의 허리춤에는 늘 두 개의 열쇠가 달려 있었습니다. 하나는 스피릿 세이프를 여는 용도고 하나는 숙성고 열쇠입니다. 증류소의 가장 핵심이 되는 열쇠를 갖고 있었던 셈이죠. 하지만 이는 곧 도벽으로 이어졌고 여차하면 위스키를 빼먹는 데 사용되었다고 합니다. 그들은 스피릿 세이프를 잠글 때 열쇠 구멍에 작은 종이를 한 장 껴놨습니다. 누군가 자물쇠를 여는 행위를 시도한다면 종이가 바로 찢어졌겠죠. 악랄한데 치밀하기까지 했습니다. 절대 권력 앞에서 증류 업자들은 혀를 찰 뿐 속수

세금 징수원이 스코틀랜
드 글렌 오드 증류소의
스피릿 세이프를 잠그는
모습. ©디아지오

무책이었습니다.

국가의 이러한 규제는 1870년까지 지속되다가 위스키 붐으로 인해 점점 완화되기 시작했습니다. 증류소가 우후죽순 늘어나는 데 반해 세금 징수원들이 부족해진 것이죠. 그렇게 위스키의 생산 규제는 1983년 이후 해제됐으며 증류소가 자율적으로 생산량을 조절할 수 있게 됐습니다.

이제는 세금 징수의 기능은 퇴색했지만, 증류소에 가면 스피릿 세이프 안에서 증류액이 콸콸 흐르고 있는 모습을 볼 수 있을 것입니다. 버튼 하나로 모든 증류 과정이 끝나는 최신식 증류소도 있지만, 10분 단위로 스피릿을 관찰하며 새로운 시도를 하는 곳도 많습니다. 증류는 과학의 영역입니다. 하지만 인간의 창작 본능과 과학의 접점에서 비로소 새로운 맛이 나타나는 것인지도 모르겠습니다. 자칫 골동품처럼 보이는 이 황동색 금고는 선대 때부터 이어온 여러 증류 업자의 노고가 짙게 배어 있는 장치임을 기억하면 됩니다.

# 반값 위스키
# 나올 수 있을까?

◆━━━━◆

   찬바람이 불기 시작한 어느 날, 한국 최초 위스키 증류소인 경기도 남양주시 '쓰리소사이어티' 증류소 앞에 긴 줄이 늘어져 있었습니다. 캠핑 의자와 방한 도구를 챙겨놓고 아침부터 대기 중인 인원은 대략 40여 명. 오후 여섯 시, "입장하겠습니다."라는 말이 떨어지기 무섭게 긴 기다림을 견디던 사람들이 증류소로 밀려들어갔습니다. 이날 발매된 국산 싱글 몰트위스키 '기원 배치 3'를 사려는 사람들이었습니다. 연차를 내고 아침부터 줄을 섰다는 위스키 애호가부터 가게를 아내에게 맡기고 왔다는 사장님까지, 몇 없는 국내산 위스키를 선점하기 위해 다양한 사람이 몰려들어 현장을 뜨겁게 달궜습니다. 마지막에는 무려 필리핀에서 비행기를 타고 왔다는 외국인까지 합류했습니다.

캠핑 의자와 방한 도구를 챙긴 위스키 애호가들이 아침부터 증류소 앞에 모였다.

이날 현장에서 주력으로 판매된 제품은 총 세 가지. 올로로소 셰리 캐스크를 사용한 기원 배치 3와 물을 타지 않은 캐스크 스트렝스ᶜˢ 버전, 그리고 증류소 한정으로 60병만 출시된 메이플 시럽 캐스크입니다. 그중 눈에 띄었던 제품은 메이플 시럽 캐스크인데, 실제 메이플 시럽을 담았던 오크통에서 시럽을 빼고 위스키를 넣어 숙성한 제품입니다. 홀린 듯 긴 줄에 따라선 저의 품에도 메이플 시럽 캐스크 한 병이 안겨 있었습니다.

## 국내산 위스키는 발전 중

이날 발매를 기념해 증류소 앞마당에서는 위스키 구매자를 대상으로

증류소 앞마당에서 바비큐 파티와 함께 쓰리소사이어티에서 내놓은 위스키 시음회가 열리고 있다.

바비큐 파티와 함께 쓰리소사이어티에서 내놓은 위스키 시음회도 열렸습니다. 저도 메이플 시럽 캐스크를 구매한 덕분에 몇 가지 신제품을 맛볼수 있었습니다. 증류소에서 시음을 위해 준비한 술은 '배치 3', '배치 3 CS' 그리고 '아메리칸 버진 오크'였습니다. 배치 1, 2에서 발전된 부분이 있을지 반신반의하며 맛을 봤습니다. 배치 3에 첫입을 댄 순간 의심은 안도감으로 바뀌었습니다. 일단 '셰리 맛'이 느껴졌고, 3년 이하 숙성된 위스키치고 맛도 생각보다 괜찮았습니다. 알코올 도수도 기존 배치들보다 높은 46도로 출시해 현장 반응도 좋았습니다.

　시간을 두고 마셔보니 캠벨 포도 껍질 속살의 촉촉한 포도 맛과 가벼운 밀크 초콜릿, 와인의 타닌감 등이 조화롭게 어우러졌습니다. 셰리 위스키특유의 매운맛도 불편하지 않을 정도로 안정된 맛을 보여줬습니다.

다음으로 시음한 제품은 CS 버전. 워낙 저숙성 CS 제품들이 위스키 시장에 많다 보니 꺾어야 할 경쟁자가 많은 친구입니다. 다행히 CS 제품도 고도수 셰리 위스키에서 기대할 수 있는 진득한 단맛과 견과류의 고소함, 초콜릿 등의 뉘앙스가 잘 나타났습니다. 물론 고숙성 스카치위스키에서 느껴지는 감칠맛과 풍성한 보디감 등은 다소 부족한 측면이 있지만, 국내산 위스키가 좋은 방향으로 흘러가고 있다는 데는 다들 큰 이견이 없었습니다. 하지만 가격 경쟁력 측면에서 우위를 차지할 수 있을지는 의문이 들었습니다.

## 원가보다 세금이 더 붙는 위스키

다양한 시도로 눈에 띄게 맛이 개선되고 있는 국내 싱글 몰트위스키. 문제는 비싼 가격입니다. 위스키 구매는 밸런스 게임과 같아서 소비자들은 끊임없이 선택하고 그 안에서 나름대로 서열을 정합니다. 맛이 가장 중요하겠지만 가격을 빼놓고 이야기하기는 어렵습니다. 제아무리 맛있고 훌륭한 위스키도 개인마다 설정한 '선'을 넘는 순간 선택지에서 제외됩니다. 같은 가격이라면 맛이 검증된 위스키를 선택하지, 이제 막 증류를 시작한 신생 업체에 베팅하진 않을 것입니다. 단순 팬심에서 구매 동력을 찾는 것도 장기적으로는 명확한 한계가 있습니다. 위스키 애호가들의 니즈는 명확합니다. 밸런스 게임에서 살아남아야만 구매로 이어집니다.

우리나라는 1968년부터 위스키나 소주 같은 증류주에 출고가가 높을수록 많은 세금을 책정하는 '종가세'를 적용하고 있습니다. 장인정신을 발휘해 공들여 만들수록 판매가가 폭등하는 구조입니다. 국내 위스키의 경우 병입과 동시에 72퍼센트에 해당하는 '세금 폭탄'을 맞게 됩니다. 수입 위스키는 관세 20퍼센트에 주세 72퍼센트를 매기고, 여기에 교육세 30퍼센트와 부가가치세 10퍼센트까지 붙습니다. 해외에서 물건을 들이면 위스키 출고가의 155퍼센트가 세금에 해당합니다. 예를 들어 원가가 1만 원인 위스키의 경우, 세금만 1만 5,000원이 붙는 기이한 상황이 벌어지는데, 가격이 높아질수록 문제는 더 커집니다. 원가가 30만 원인 위스키에 종가세를 적용하면 약 76만 원이 되는데 단순 계산으로 세금만 46만 원이 붙는 셈입니다. 정말 무지막지합니다

한 가지 반가운 소식은, 2023년 야당에서 '종량세'를 도입하자는 주세법 개정안이 국회에 발의된 것입니다. 이들은 국내 증류 업체의 세 부담이 높아, 신제품 개발과 품질 고급화에 어려움이 있다며 세금 완화 필요성을 강조했습니다. 종량세는 술의 도수와 양에 따라 세금을 매기는 방식입니다. 원가가 1만 원인 위스키와 100만 원인 위스키의 도수와 용량이 같다면, 균등하게 똑같은 세금을 부과하는 형태입니다.

현재 OECD 회원국 중 한국 등 다섯 나라를 빼고 나머지는 종량세를 시행하고 있습니다. 일본의 경우 자국 주류 산업 활성화를 위해 1989년부터 종량세를 도입했습니다. 골자는 자국 주류 산업을 보호하면서 소비자의 선택권도 넓혀주겠다는 취지였습니다. 실제로 세법이 개정된 이후 여러 증류소가 설립되고 다양한 증류주가 출시되면서 재패니즈 위스키의 위상이 세계적으로 올라가고 있습니다.

쓰리소사이어티스 증류소 내 숙성고 모습. 신갈나무, 떡갈나무, 버번, 셰리, 럼, 복분자주 등 1,000개 이상의 다양한 오크통에 위스키를 숙성하는 중이다.

쓰리소사이어티스 증류소에서 위스키 원액을 생산하는 증류기 모습. 해당 제품은 스코틀랜드의 유서 깊
은 증류기 제작 업체 '포사이스'에서 제작됐다.

우리나라도 세제 개편이 가져올 변화에 대해 논의가 뜨겁습니다. 소비자로선 매우 긍정적입니다. 국내 위스키 가격이 비싸다고 판단되면 바로 해외 직구로 눈을 돌릴 수 있기 때문입니다. 평소 155퍼센트씩 내던 세금이 절반으로 감면되면 선택의 폭이 굉장히 넓어지게 됩니다. 한편 국내 증류소들은 가격 경쟁보다는 품질 차별화를 통한 프리미엄 증류주 개발에 힘써야 할 것입니다. 양질의 술을 합리적인 가격에 거래할 환경이 구축되면, 자연스레 시장 평가를 통해 부실 제품은 걸러지고 좋은 제품들만 남는 선순환적인 생태계가 구축될 것입니다.

전문가들은 한국이 일교차가 커서 위스키를 숙성하기 좋은 조건이라고 합니다. 스코틀랜드에서는 오크통 숙성 시 연간 증발량이 1~2퍼센트에 불과하지만, 한국은 10퍼센트에 육박합니다. 극단적인 일교차로 인한 증발량이 커 양적으로는 손해지만, 그만큼 빠른 화학반응으로 기존에 없던 재미있는 위스키가 탄생할 수도 있습니다.

심지어 요즘은 어떻게 하면 더 많이 증발시킬 수 있을까 고민하는 게 세계적인 추세기도 합니다. 지금 우리는 최초의 '한국 위스키'가 탄생하는 시대를 살고 있습니다. 이제 걸음마를 시작했지만 곧 성큼성큼 앞으로 나아갈 것으로 생각합니다.

# 핍박 속에서 살아남은
# 아일랜드인들의 자부심, '제임슨'

────◆──◆────

스코틀랜드와 아일랜드 사이에는 해묵은 '원조 논란'이 있습니다. 누가 먼저 위스키를 만들었는지를 두고 수 세기 전부터 논쟁을 벌이고 있는 것 이지요. 기록에는 없지만, 아일랜드의 수호성인 '성 패트릭Saint Patrick'이 5세기 무렵 아일랜드에 증류 기술을 전파한 것으로 알려져 있습니다. 그 래서 지금도 아이랜드에서는 매년 3월 17일 녹색 옷을 입고 술을 마시고 즐기며 성 패트릭 데이를 기념하죠. 하지만 딱히 당시 상황을 증명할 길 은 없어서 스코틀랜드인들에게는 별 감흥 없는 이야기로 들릴 수 있습니 다. 하나 확실한 것은 1608년, 세계 최초로 공식 증류를 시작한 증류소가 아일랜드의 부시밀스 증류소라는 것입니다.

스코틀랜드에는 1494년 정부가 세금을 징수하던 장부에서 위스키를 만 들었다는 기록이 남아 있습니다. 스코틀랜드의 국왕이자 독주 애호가로

1608년, 세계 최초로 공식 증류를 시작한 아일랜드의 부시밀스 증류소. ©bushmills

알려진 제임스 4세가 '존 코' 수사에게 8볼(고대 측정 단위)의 맥아로 위스키를 만들라고 지시한 문건이 존재했던 것이지요. 이는 당시 약 500킬로그램이 넘는 맥아에 해당하며 위스키 약 1,500병을 만들 수 있는 양이었다고 합니다. 여기서 존 코가 실제로 증류를 집행했는지는 알 수 없으나 '궁중에서 위스키가 대량으로 생산됐다.' 정도는 사실로 보입니다.

양국의 가장 신빙성 있는 위의 두 자료를 통해 정리하자면, 최초로 곡물을 증류한 것은 스코틀랜드였지만 증류소를 짓고 먼저 수익을 창출한 곳은 아일랜드였다고 볼 수 있습니다.

## 스카치와 아이리시 위스키의 차이점

아일랜드에서는 스카치와 차별화를 두기 위해 위스키의 영문 표기법을 다르게 합니다. 스코틀랜드에서는 'Whisky'로 표기되지만, 아일랜드에서는 알파벳 'e'가 하나 더 들어간 'Whiskey'로 작성됩니다. 한때 더 잘나가던 아일랜드가 19세기 무렵 위스키의 품질이 고르지 못했던 스카치와는 확실한 거리를 두고 싶었던 것이지요.

스카치와 아이리시 위스키에는 결정적인 차이가 몇 가지 있습니다. 보통 스카치는 '맥아'를 원료로 사용하는 반면, 아일랜드 위스키는 맥아뿐만 아니라 발아되지 않은 보리와 호밀, 옥수수 같은 곡물을 추가로 사용합니다. 스카치로 치자면 블렌디드 위스키에 해당하는 셈입니다. 생보리의 사용은 18세기, 영국 정부가 아일랜드 위스키의 몰트 사용량, 즉 맥아에 세금을 부과한 것이 원인이었습니다. 당시에는 세금을 덜 내기 위한 수단으로 생보리를 사용했지만, 이제는 아이리시 위스키만의 특징으로 고착된 것이지요. 이는 한때 식민 지배국이었던 영국에 대한 대항 의식으로 볼 수 있으며, 핍박 속에서 살아남은 아일랜드인들의 자부심을 의미하기도 합니다.

증류 방식에도 차이가 있습니다. 스카치는 단식 증류기로 2회의 증류를 통해 스피릿을 얻지만, 아이리시 위스키는 3회에 걸쳐 스피릿을 뽑아냅니다. 여러 차례의 증류 과정은 스피릿의 풍미를 더 가볍고 부드럽게 합니다. 결정적으로 아일랜드에서는 맥아를 건조할 때 피트 대신 석탄을 사용합니다. 호불호가 갈릴 수 있는 독특한 훈연 향보다는 달콤하고 고소한 곡물 향에 비중을 둔 것입니다.


## 아일랜드인의 소주 제임슨

아이리시 위스키를 이야기할 때 아일랜드인의 소주로 불리는 제임슨 Jameson을 빼놓고 이야기할 수 없습니다. 세계적인 위스키 평론가 짐 머레이가 아이리시 위스키 부문에서 95점을 준 제품이기도 합니다. 40도의 알코올 도수를 느낄 새도 없이 목 넘김이 부드럽고 편안해서 위스키 입문자들에게도 부담이 없습니다. 입에 대자마자 꿀과 바닐라 맛이 첨가된 순한 소주를 마시는 것과 비슷한 느낌이 들기도 합니다.

힐러리 클린턴, 레이디 가가, 리한나 등 수많은 유명 셀럽도 제임슨을 즐겨 마시는 것으로 알려져 있습니다. 다이어트할 때도 위스키를 끊지 못한 레이디 가가는 2012년 아일랜드 공연에서 동료들과 함께 제임슨으로 병나발을 불었고, 리한나는 '치얼스'라는 앨범에서 대놓고 제임슨을 노래하기도 했습니다. 당대 최고의 셀럽들과 평론가가 극찬한 제임슨 위스키. 대체 어떤 매력이 그들의 입맛을 사로잡았던 걸까요.

아이러니하게도 제임슨의 창립자인 존 제임슨은 스코틀랜드인이었습니다. 그는 변호사로 일하다가 1768년 '딤플' 위스키를 생산하던 헤이그 가문의 딸 마거릿 헤이그와 결혼을 합니다. 나름대로 뼈대 있는 스카치 집안과 결합을 한 것이지요. 결혼 후 아일랜드 더블린으로 이민을 간 존

제임슨은 40도의 알코올 도수를 느낄 새도 없이 목 넘김이 부드러워서 위스키 입문자들에게도 부담이 없다.

은 1780년, 장인으로부터 증류소를 하나 물려받게 되는데 이게 오늘날의 제임슨 증류소가 됩니다.

1780년대 더블린은 기회의 땅이었습니다. 더블린은 세계 최대의 위스키 생산지였고 100여 개의 맥주 양조장과 증류소가 운영되고 있었습니다. 누가 봐도 스카치보다 아일랜드 위스키의 위상이 더 높았고 증류소 간 경쟁도 치열했습니다. 그곳에서 제임슨은 꾸준히 긍정적인 평판을 쌓아갔고 자식들도 사업에 합류해 가업을 이어갔습니다. 1880년대에는 도심 한복판에 7,000평이 넘는 부지와 300여 명의 직원을 고용할 수 있을 정도로 세를 확장했습니다.

1880년대에 제임슨 증류소는 더블린 도심 한복판에 7,000평이 넘는 부지를 사용하고 300여 명의 직원을 고용할 정도로 세를 확장했다. ⓒ페르노리카코리아

## 아이시리 위스키의 몰락

1832년 운명의 장난처럼 다가온 사건이 하나 있습니다. 이는 바로 '코페이 증류기'의 발명과 이를 도입하지 않았던 아일랜드인들의 고집입니다. 이니어스 코페이라는 아일랜드 세관원의 이름을 딴 이 증류기는, 스코틀랜드에서 일찍이 도입한 연속식 증류기입니다. 연속식 증류기는 단식 증류기에 비해 훨씬 저렴한 비용으로 고도수의 스피릿을 대량으로 생산할 수 있었습니다. 물론 연속으로 증류하다 보니 단식 증류기에 비해 원료의 풍미는 떨어질 수밖에 없습니다.

세계에서 위스키를 제일 잘 만든다는 생각에 빠져 있던 아일랜드인들은, 질 떨어지는 위스키를 만들 수 없다며 연속식 증류기의 도입을 반대합니다. 때로는 이러한 뚝심이 걸작을 만들기도 하지만 그때는 그렇지 못했습니다. 사람들의 입맛이 변하기 시작했고 전 세계적으로 블렌디드 위스키의 열풍이 불기 시작합니다. 즉, 연속식 증류기로 뽑아서 블렌딩한 가벼운 풍미의 술이 사람들의 입맛을 사로잡았던 것이지요. 하지만 이는 아이리시 위스키 몰락의 서막에 불과합니다.

잘나가던 아일랜드는 두 차례의 세계대전과 미국의 금주법 등으로 인해 고배를 마셔야 했습니다. 당시 대부분의 증류소가 문을 닫았고 위스키 시장은 크게 위축되었습니다. 1차 세계대전이 일어나고 있던 영국은 전쟁용 알코올만 제조할 수 있었고 음식을 만들 때 빼고는 보리의 사용조차 금지했습니다. 주원료가 보리인 위스키 업장들은 좌절할 수밖에 없었지요. 그 결과 제임슨 증류소도 1917~1918년까지 문을 닫아야 했습니다.

하지만 여기서 끝나지 않습니다. 1918년 아일랜드와 영국 간의 독립전쟁이 일어났고 미국의 금주법이 시행된 지 6년이 되던 해, 2차 세계대전까지 발생합니다. 당시 가장 큰 손이었던 영국과 미국의 위스키 거래가 끊기다 보니 증류소들이 더 이상 버틸 재간이 없었겠지요. 사실상 아이리시 위스키의 몰락이라고 봐도 전혀 이상하지 않을 시점이었습니다. 그 결과 한때 100여 곳이 넘었던 아일랜드의 증류소가 1972년이 되는 해, 단 두 곳으로 줄었습니다. 남은 곳은 세계 최초의 증류소인 부시밀스와 제임슨 증류소가 새로 합병해 만든 '뉴 미들턴 디스틸러리'였습니다.

하지만 이런 말이 있습니다. 살아남았다는 것은 강하다는 것. 다 죽어

하이볼과 궁합이 좋은 제임슨.

간 불씨에 화력을 더한 것은 1988년 프랑스의 거대 주류회사인 페르노리카입니다. 아이리시 위스키 특유의 부드러움과 균형 잡힌 맛에서 희망을 본 것이지요. 페르노리카는 제임슨을 앞세운 공격적인 마케팅으로 2016년 이후 매년 20퍼센트 이상의 성장을 보이며 지난 2022년, 약 1,110만 상자의 판매량을 기록합니다. 1년간 약 1억 3천만 병의 위스키를 팔아 치운 셈입니다. '죽음에서 돌아온 자' 라는 뜻의 레버넌트Revanant는 이럴 때 쓰는 것 같습니다.

## 최고의 하이볼 기주 제임슨

작년 한 해 가장 뜨거웠던 키워드는 '하이볼Highball'이었습니다. 짜릿한 청량감과 부담스럽지 않은 가격으로 프리미엄 주류에 대한 진입 문턱을 낮춰줬기 때문이죠. 집에서도 취향대로 손쉽게 제조할 수 있어 다양한 소비자들을 매료시켰습니다.

하이볼은 기주가 어떤 맛이냐에 따라서 그 방향성이 바뀝니다. 위스키 좀 마신다고 하는 사람들은 제임슨을 최고의 기주로 뽑기도 합니다. 복잡하게 이것저것 생각할 것 없이 쉽게 타 마시기 좋기 때문입니다. 너무 비싼 위스키로 하이볼을 타면 생각만 많아집니다. 자신도 모르게 극대화된 맛을 찾으려고 애쓰는 모습을 발견할지도 모르겠습니다. 하지만 제임슨은 눈대중으로 적당히 잔에 붓고 탄산수에 레몬 하나 넣고 휘휘 저어 마시면 입가에 미소가 번질 것입니다. 참, 니트보다는 하이볼이 낫습니다. 그럼, 슬란체Sláinte(아일랜드어로 건배)!

# 오물 맞고, 깃털 뒤집어쓰고…
# 발베니 장인의 가혹한 신고식

●━━━●

2007년 8월 저녁, 북아일랜드 벨파스트 거리에 한 남성이 온몸에 타르와 깃털을 두른 채 발견됐습니다. 그의 목에는 '나는 마약 거래를 하는 쓰레기입니다'라고 적힌 플래카드가 걸려 있었습니다. 바라클라바(두건형 쓰개)를 착용한 신원 미상의 두 사람이 마약상으로 추정되는 남성을 가로등에 묶고 머리에 타르와 깃털을 뿌린 것입니다. 현장에 있던 여성과 어린이를 포함한 군중은 말없이 이를 지켜봤고, 이 충격적인 상황은 휴대전화로 촬영돼 언론에 공개됐습니다.

이는 '타링−페더링Tarring and Feathering'입니다. 타링−페더링은 범죄자나 반사회적 행위를 한 이들에게 행해졌던 수치스러운 형벌이자 고문입니다. 타링−페더링을 당한 사람들은 공공장소에서 상·하의가 벗겨진 채 머리에 타르Tar를 뒤집어쓰고, 몸 전체에 깃털Feather이 들러붙었습니다. 단

스코틀랜드 스페이사이드에 위치한 쿠퍼리지에서 4년간의 고된 수습 생활을 마친 쿠퍼들이 본인이 만든 오크통에 들어가 깃털 세례를 받고 '굴림'을 당한 모습. ⓒscotsman

단하게 굳은 타르와 깃털을 떼어내려면 머리는 삭발해야 했고 피부는 벗겨져 낙인처럼 남았습니다. 최초의 타링-페더링은 1189년 십자군 원정대를 이끈 영국 사자왕 리처드 1세가 군법을 어긴 병사에게 가한 것으로 알려졌습니다.

하지만 오늘날 스코틀랜드에서는 그 의미가 조금 다릅니다. 특히 4년간의 고된 수습 생활을 마친, 오크통을 만드는 장인 쿠퍼Cooper가 수습 딱지를 떼는 행사에 활용됩니다. 수습을 마친 신입 쿠퍼들은 온갖 오물로 만들어진 액체를 뒤집어쓰고 깃털 세례를 받은 후, 본인이 만든 오크통에 들어가서 '굴림'을 당합니다. 고강도 '생일빵'을 맞는 셈입니다. 온갖 수난을 당한 수습생들이 인근 강물에서 몸을 씻고 나면 비로소 정식 쿠퍼로 재탄생합니다. 위스키 맛의 70퍼센트 이상을 결정짓는 오크통을 제작하는 장인이 되는 통과의례를 마친 것입니다.

스코틀랜드 쿠퍼의 주된 업무는 오크통을 조립하고 수선하는 것입니다. 예전에는 오크통을 통째로 수입하는 경우가 없으므로 기다란 나무 조각Stave 형태로 받았습니다. 아무래도 덩치가 큰 오크통을 분해하지 않고 배에 적재하는 데는 한계가 있었을 것입니다. 쿠퍼들은 이렇게 가져온 나무 조각을 크기별로 재조립하고 검수하며 노후화된 오크통을 관리합니다.

증류소는 오크통을 절대 함부로 버리지 않습니다. 갈수록 비싸지고 귀해지는 오크통 가격 때문이지요. 오크통을 한두 번 쓰고 냅다 버리는 것은 범죄 행위에 가깝습니다. 이들은 오크통의 영혼까지 깎고 태워서 재활용한다고 해도 과언이 아닐 것입니다.

하지만 제아무리 좋은 오크통도 여러 번 사용할수록 그 풍미를 잃습니다. 사골도 계속 끓이다 보면 더 이상 육수를 내지 못하는 것처럼 말이죠. 그래서 쿠퍼들은 수년 동안 위스키에 맛이 빨려서 생명력을 잃은 오크통을 되살리기도 합니다. 이를 리쥬베네이티드 오크통Rejuvenated Cask이라고 부르는데 오크통 내부를 일정량 깎아낸 뒤 다시 태워Re-char 재조립하는 과정입니다. 즉, 맛 성분이 전부 빠진 오크통을 재생시키는 것입니다. 이는 카발란 증류소의 STRShave, Toast, Re-char(깎고, 굽고, 다시 태우기) 기법과도 유사합니다.


보통 오크통은 내부를 태워 표면을 굽거나 숯으로 만듭니다. 나무의 표면적이 열리면서 바닐라와 캐러멜 향 같은 맛 성분이 생성되기 때문입니다. 숯처럼 그을린 나무는 알코올을 순하게 만드는 필터 역할을 하기도

스코틀랜드 더프타운에 위치한 발베니 증류소의 쿠퍼리지. 10여 명의 쿠퍼들이 일사불란하게 각자의 임무를 맡아 기계적으로 움직이고 있다.

합니다.

　스카치위스키는 최소 2~3회 이상 오크통을 재활용합니다. 첫 번째로 사용했을 경우 퍼스트 필First Fill, 두 번째는 세컨드 필2nd Fill, 세 번째는 써드 필3rd Fill이라 부릅니다. 여기까지는 오크통 상태가 좋다 보니 증류소들이 위스키 라벨에도 표기해주는 편입니다. 그 이후로는 그냥 리필Re Fill 캐스크라고 부릅니다. 하지만 무조건 퍼스트 필이라고 좋은 것도 아니고 리필이라고 마냥 나쁜 게 아닙니다. 오크통의 영향력이 너무 강하면 스피릿이 가진 고유의 특징까지 사라져버릴 수 있기 때문입니다. 언제 어떻게 어떤 오크통에서 보석 같은 위스키가 탄생하는지는 '천사들의 몫'입니다.

스코틀랜드에서 몇 안 되는 오크통을 제작하는 쿠퍼리지Cooperage 중 하나는 더프타운에 위치한 발베니 증류소에 있습니다. 대부분의 증류소는 비용과 편리성 차원에서 오크통의 수선과 조립을 외주에 맡기는 편입니다. 발베니는 오크통을 직접 관리하는 몇 안 되는 증류소 중 하나입니다. 모회사 윌리엄 그랜트 앤 선즈에 함께 소속된 글렌피딕과 공동으로 쿠퍼리지를 사용하고 있습니다.

발베니 증류소 쿠퍼리지에 들어서는 순간 데이비드 게타의 화려한 '노동가'가 흘러나옵니다. 강렬한 전자음과 함께 굵직한 베이스음에 맞춰 10여 명의 쿠퍼들이 일사불란하게 각자의 임무를 기계적으로 수행합니다. 말 그대로 나무를 깎고, 두드리고, 조이고, 태우고를 끊임없이 반복합니다. 이들이 하루 동안 손보는 오크통은 평균 25개. 정식 면허를 갖춘 쿠퍼라면 최소 20분 안에 오크통을 조립해야만 합니다.

속도도 좋지만 날마다 40~100파운드가 넘는 오크통을 다루는 일은 중노동에 가깝습니다. 일반인이라면 하루 이틀 망치질만으로도 어깨가 결리고 뻐근할 것입니다. 그래서 한때 작업하는 오크통 개수로 돈을 지급했던 쿠퍼리지는 고령화가 돼가는 장인들의 몸을 보호하는 차원에서 월급제를 도입했다고 합니다.

키가 작아 별명이 '미니쿠퍼'인 이안 맥도널드는 열여섯 살에 수습생으로 입사해 54년째 발베니의 쿠퍼리지에서 수석 쿠퍼로 일하고 있습니다. 전성기에 8분 만에 오크통을 조립한 이안은 손끝 촉감만으로 미국산 오크와 유러피언 오크를 구분할 수 있다고 합니다. 놀라운 사실은, 그 어떤 접착제나 못 없이도 물 한 방울 새지 않는 오크통을 조립하는 쿠퍼의 손기술입니다. 아무리 규격에 맞춰 짜인 나뭇조각이라도 세월에 의해 변형되거나 미묘한 차이가 있을 텐데 이들에게는 아무런 문제가 안 되는 모양입니다. 발베니 소속 쿠퍼는 아니지만 3분 3초 만에 30여 개의 나무판으로 이루어진 190리터짜리 배럴을 조립하는 기네스 기록 보유자도 있습니다. 눈 깜짝할 사이에 뚝딱 만든다는 표현은 이런 데 쓰는 것 같습니다.

첨단 기술이 피부로 와닿기도 전에 새로운 기술이 탄생하는 시대에 살고 있습니다. 그래서 때로는 현재까지 신문물의 혜택을 전혀 받지 못하고 하나에서 열까지 수작업에 의존하는 쿠퍼들의 모습이 처연해 보이기도 합니다. 하지만 아무리 인공지능이 뛰어난 능력을 갖춘다 해도 복잡 미묘한 위스키의 풍미와 오크통의 세월은 사람만이 가늠하는 영역으로 남지 않을까 싶습니다. 오랜 세월 그 섬세함을 지키고자 노력하는 장인들의 노고를 기억하는 사람들이 많아질수록, 우리는 더 새롭고 다양한 위스키를 만날 수 있을지도 모르겠습니다.

스코틀랜드 스페이사이드 쿠퍼리지에 다양한 오크통이 쌓여 있는 모습.

# 빌리 워커

## "나는 전설이다…"

서울 여의도에서 만난 글렌알라키 마스터 디스틸러 빌리 워커.

망해가거나, 망한 증류소를 인수해서 부활시키는 게 '취미'인 인물이 있습니다. '미다스의 손'으로 불리는 빌리 워커 이야기입니다. 벤리악, 글렌드로낙, 글렌글라사 등 이름만 들어도 굵직한 증류소들이 모두 그의 손을 거쳐 갔습니다. 그가 손만 대면 죽어가던 유령 증류소도 마법처럼 살아났고 '황금알을 낳는 거위'로 바뀌었습니다.

1945년 스카치의 본고장 덤바튼에서 나고 자란 빌리는 어릴 때부터 위스키에 관심이 많았습니다. 그가 대학교에서 전공한 화학은 훗날 위스키의 풍미와 블렌딩 기술의 근간을 구축하는 계기가 됐습니다.

빌리의 여정은 1972년 발렌타인을 시작으로 히람 워커 앤 선즈와 인버 하우스, 번 스튜어트 사로 이어졌습니다. 2004에는 벤리악 디스틸러리 컴퍼니를 설립했으며 벤리악BenRiach, 글렌드로낙GlenDronach, 글렌글라사GlenGlassaugh 세 개의 스카치위스키 증류소를 인수해 운영했습니다. 빌리가 본격적으로 세상에 자신의 이름을 알린 시점이죠.

500만 파운드에 인수됐던 이름조차 낯설었던 증류소들은 빌리의 손에서 재탄생했고 2016년 2억 8,500만 파운드로 브라운 포맨 그룹에 매각됩니다. 한화로 약 4,300억 원에 해당하는 액수입니다. 당시 많은 이들이 그의 은퇴를 예상했지만, 2017년 글렌알라키GlenAllachie 증류소를 인수하면서 또 다른 여정이 시작됐습니다.

## 스카치 업계를 대표하는 장인이자 성공한 사업가 빌리 워커

스카치 업계에 몸담은 지 어느덧 50주년을 맞이하고 있는 빌리 워커는 현재 글렌알라키 증류소의 마스터 디스틸러입니다. 그는 아침에 눈을 떠서 잠들기 직전까지 위스키 생각만 합니다. 올해 나이 80을 앞둔 그의 열정은 여전히 꺼질 줄을 몰랐습니다.

**글렌알라키 증류소의 냉각수 연못에서 헤엄치고 있는 빌리 덕**Billy Duck**(빌리 워커의 오리)들과는 이미 안면을 텄어요. 아쉽게도 그날 현장에는 안 계셨던 거 같았어요. 이렇게 한국에서 만나 뵙게 될 줄은 생각지도 못했습니다. 이번 방한의 목적이 궁금합니다.**

최근 한국 시장에서 글렌알라키의 반응이 뜨거웠어요. 그래서 이제 때가 됐다고 생각했죠. 10년 전에는 한국을 1년에 네 번씩 방문하기도 했어요. 한국은 스카치와 깊은 관계를 맺고 있는 나라였어요. 이번 방문을 통해서 한국 위스키 시장의 흐름을 더욱 자세히 알고 싶었어요.

**업계에 살아 있는 전설로 불리고 있어요. 빌리 워커에게 위스키란?**

저는 51년 동안 위스키를 마셔왔어요. 위스키는 제 인생이나 다름없어요. 인생의 70퍼센트는 위스키와 함께였죠. 앞으로도 그럴 것이고요.

**딘스톤, 토버모리, 벤리악, 글렌드로낙 등 당시 망하거나 이름 없는 증류소들을 전부 부활시켰어요. 어떤 기준으로 증류소들을 선택했는지, 해당 증류소들이 가진 공통점이 있었을까요?**

일단 시장에서 존재감이 없는 증류소를 골랐어요. 역사적으로도 소외된 곳들. 이미 유명해진 곳들은 다른 사람의 개성이 스며 있을 확률이 높았기 때문이죠. 빈 도화지에 새롭게 그림을 그릴 수 있는 곳들을 찾았어요. 증류소를 고른 후에는 위스키의 재고 상태를 확인했어요. 저숙성부터 고숙성 위스키까지. 전체적인 구성이 골고루 잘 잡힌 증류소가 필요했어요. 신제품 개발이나 장기적인 사업 계획까지 고려한 셈이죠. 전반적인 구색을 갖추기까지는 보통 6년 정도 걸렸던 거 같아요.

**2016년 글렌드로낙 증류소를 매각했을 때 은퇴하시는 줄 알았어요. 그런데 1년 만에 다시 새로운 증류소로 돌아왔어요. 부와 명예를 다 이뤘는데 새로운 시도를 한다는 건, 실패할 가능성에도 다시 노출된다는 거잖아요. 아직 못다 이룬 꿈이 있는 건가요?**

위스키에 대한 지속적인 관심인 것 같습니다. 사실 이전 회사를 제 뜻대로 매각했던 것은 아니에요. 개인적으로 꽤 실망스러웠던 결정이었어요. 하지만 당시 공동 투자자들의 의견을 무시할 수 없었어요. 결국 저에게는 매듭짓지 못한 사업으로 남게 된 것이고요. 그 사이 글렌알라키 증류소를 인수할 수 있는 행운이 저에게 찾아왔습니다.

**어떤 원동력이 당신을 움직이게 하나요?**

위스키 만드는 게 여전히 너무 재밌어요. 위스키의 특정한 맛을 내기 위해서는 나무를 이해하고 분석해야 합니다. 오크통을 굽고 태우는 정도에 따라 나타나는 다양한 풍미와 그 안에서 일어나는 여러 화학 반응들. 예를 들어 셀룰로스 성분이 설탕 역할을 하고 타닌은 시나몬, 백두구Cardamon, 정향Cloves, 육두구Nutmeg와 같은 스파이스를 만들어줍니다. 락톤Lactone 성분은 코코넛 같은 풍미를 짙게 해주죠. 다양한 맛들을 머릿속에서 재구성하고 조합하는 과정들. 상상하는 것만으로도 너무 행복합니다.

**50년 넘게 한 업계에서 일하다 보면 초심을 유지하는 게 쉽지 않을 거 같아요. 그만두고 싶을 때도 있었나요?**

아니요, 단 한 순간도 없었습니다. 저는 제 인생을 약학 연구 화학자로 시작했어요. 4년 중 2년은 페니실린을 발효하는 데 시간을 썼어요. 페니실린을 발효하는 일은 알코올을 발효하는 일보다 훨씬 어렵고 지루한 일이었어요. 당시 마스터 블렌더 자리를 제안받았을 때 뒤도 안 보고 도망쳤습니다.

**곧 있으면 나이 80세를 앞두고 있어요. 평소 후각이나 미각을 섬세하게 관리하는 법이 있을까요?**

아무래도 노화 과정은 미각과 후각을 무디게 해요. 그래서 중요한 시음이 있는 날은 몸과 마음이 가장 맑은 오전 시간대에 진행합니다. 보통 아침 여덟 시에서 열 시 사이, 공복 상태로 시음하죠. 물론 운동도 꾸준히 하고 있습니다.

## 오크통에 진심인 글렌알라키 증류소

**글렌알라키는 어떤 곳이었고 그곳을 선택하게 된 결정적인 이유는 무엇인가요?**

증류소 뒤에는 벤리네스산이 있고 앞쪽에는 스페이강이 흐르고 있어요. 풍수지리에서 명당이라 말하는 전형적인 배산임수背山臨水를 이루고 있는 셈이죠. 중요한 것은, 단 한 번도 싱글 몰트를 만든 적이 없었던 증류소라는 점이었어요. 완벽한 백지상태였죠. 그때부터 글렌알라키 증류소의 성격이나 DNA를 설정해나가기 시작했어요. 증류소의 현재와 미래를 만들어갈 수 있다는 점이 굉장히 매력적으로 다가왔어요. 80만 리터에 달하는 물량을 보관할 수 있는 창고가 있다는 것도 중요했어요. 예전부터 설정됐던 기준값에 정확하게 부합하는 증류소였던 것이죠.

**증류소에 남아 있던 오크통 재고 관리를 어떻게 했습니까? 인수 당시 증류소 내 모든 오크통의 맛을 직접 보셨는지요?**

증류소에 남아 있던 위스키의 캐릭터를 파악하고 정리하는 데 7년이 걸렸습니다. 4만~5만 개의 오크통을 일일이 직접 맛봐야 했던 작업이었죠. 정리와 동시에 새로운 위스키도 만들어야 했어요. 당시 증류소가 갖고 있던 캐릭터가 셰리와 가장 잘 어울릴 것으로 판단했어요. 그 즉시 원액을 셰리 오크통으로 옮기기 시작했어요. 이 작업만 7년이 걸렸던 셈이죠. 이제 첫 번째 고비는 어느 정도 넘긴 것 같아요. 그렇다고 여기서 끝난 것은 아니에요. 이제부터 본격적으로 새로운 여정이 시작되는 것이죠.

**늘 고정관념을 깨려고 노력하는 것 같아요. 수많은 오크통을 섞으면서 다양한 실험을 하고 있어요. 각 오크통이 가진 특징과 최종 결과물에 대한 방대한 양의 데이터베이스가 있어야 할 것 같아요. 모든 오크통의 특징을 파악하고 있다고 봐도 될까요?**

오크통의 종류에 따른 특징을 알고 있다고 표현하는 것이 옳을 것 같아요. 위스키 맛의 70퍼센트 이상은 오크통이 결정해요. 제아무리 훌륭한 스피릿도 오크통 없이는 위스키가 될 수 없어요. 저희는 프랑스, 헝가리, 스페인 등 세계 각지에서 오크통을 받고 있어요. 올로로소와 페드로 히메네즈는 말할 것도 없지요. 끊임없이 새로운 오크통을 찾고 있어요. 일본의 미즈나라나 몽골리안, 콜롬비안, 인디언 오크 등이 그것이지요. 최근 미국에서는 꽤 재미있는 친커핀 오크를 찾았어요. 아직 찾지 못한 오크는 갈리아나 오크이고 올해 찾을 계획입니다.

**오크통마다 위스키가 가장 맛있는 스위트 스폿Sweet Spot을 찾는 본인만의**

**비법이 있나요?**

무한한 헌신과 노력이 필요합니다. 계속해서 오크통을 살피면서 어떻게 바뀌는지 관찰해야 합니다. 초창기에 가끔 스위트 스폿을 놓친 적도 있지만 이제는 완벽하게 통제하고 있습니다.

**위스키는 어디까지가 과학의 영역이고 어디까지 우연인지요?**

위스키 블렌딩은 과학과 경험, 직감의 영역입니다. 직감을 통해 결정을 내리지만 결국 과학이 결괏값을 증명해주죠. 오크통 내부를 얼마만큼 굽고 태우느냐에 따라 위스키 맛이 바뀌는 것처럼요. 마스터 블렌더의 결과물에 대해서는 과학이 이를 대신 설명해줄 것입니다..

**빌리 워커 하면 셰리가 떠올라요. 언제부터 셰리에 관심을 두게 됐는지요?**

셰리에 관한 관심은 딘스톤 증류소에서 시작되었고 결과적으로는 글렌드로낙 증류소에서 셰리에 대한 갈증을 풀었던 것 같아요. 글렌드로낙 증류소는 역사적으로 꾸준히 셰리 오크통을 취급해왔기 때문이죠. 그런데 어느 순간 셰리 오크통을 올로로소, 피노 등으로 따로 분류하지 않고 단순히 셰리로 일반화시키는 경우가 많아졌어요. 그런 상황에서 글렌드로낙은 셰리 오크통에 대한 제 생각을 발전시키는 데 많은 도움이 됐어요. 셰리 위스키에 대한 집착이 시작된 지점이죠.
현재 16개의 숙성고에서 6만 개의 오크통이 숙성 중입니다. 그중 75퍼센트가 셰리 위스키입니다.

**피트 위스키의 특징은 저숙성에서 더 잘 나타나요. 숙성 연수가 높아질수록 신사적으로 변하기 때문이죠. 보통 셰리 위스키가 가장 무르익는 시점**

스코틀랜드 글렌알라키 증류소 모습.

## 은 언제라고 보시나요?

좋은 셰리 오크통에서 숙성한 위스키는 숙성 연수에 대한 제한이 없다고 봅니다. 시간이 지날수록 셰리 오크통의 영향력이 점점 짙어져요. 피트 위스키의 경우 5년에서 8년 사이에 개성이 가장 두드러지게 나타납니다. 정점을 찍는 순간부터는 캐릭터가 점점 온순해지죠. 위스키에서 페놀과 피트의 영향력이 줄어든다는 의미입니다. 하지만 버진 오크통은 조금 달라요. 버진 오크통의 경우 스위트 스폿이 4~5년 차에 찾아오는 것 같아요.

셰리 외에 여러 가지 와인 오크통을 사용하고 있어요. 가끔 와인 오크통을 잘못 쓰면 되게 맵거나 좋지 않은 풍미들이 나타나는 경우가 있어요.

일단 증류소의 캐릭터와 잘 어울리는 와인 오크통을 선택해야 합니다. 와이너리들의 이름을 전부 나열하긴 어렵지만, 이탈리아 볼게리 지방의 그라타마코Grattamacco와 같은 와이너리와 좋은 관계를 유지하고 있어요. 굉장히 훌륭한 와이너리라고 생각해요.

와인 오크통은 위스키를 숙성할 때 내부를 불로 그을리지 않습니다. 이 때문에 증류액과 오크통 간에 화학 반응이 발생하려면 상대적으로 긴 숙성 시간이 필요해요. 오크통 내부를 태워서 빠른 반응을 유도하는 오크통과는 차이가 있죠. 저희는 평소 타닌감이 너무 강한 와인은 피하는 편입니다. 보통 와인 오크통을 사용할 때는 4년 정도 외부에서 건조한 오크통을 선호합니다. 타닌감이 많이 희석된 상태라고 볼 수 있기 때문이죠. 프랑스 와인의 경우 타닌감이 상대적으로 강합니다. 그래서 늘 조심스럽게 접근하는 편이에요.

**인공 색소를 사용하지 않았는데도 위스키 색이 유난히 진해요. 셰리 위스키를 숙성할 때 혹시 오크통에 셰리가 남아 있는 상태로 스피릿Spirit을 채우는지 궁금합니다.**

스피릿을 오크통에 채우기 위해서는 안에 다른 액체가 남아 있으면 안 됩니다. 아무래도 500리터의 셰리 버트 같은 큰 오크통보다는 250리터의 혹스헤드처럼 작은 오크통에서 숙성시켰을 때 색이 짙게 배요. 전부 오크통에서 나오는 자연스러운 색입니다.

# 글렌알라키 10CS

글렌알라키 10CS는 수많은 국내 알라키 팬들의 오픈런을 유도했던 위스키입니다. 그만큼 말도 많고 탈도 많은 제품이죠. 알라키 10CS는 기본적으로 셰리 오크통에서 숙성한 제품으로 증류소의 방향성을 예측해볼 수 있는 코어 라인 중 하나입니다.

**가격이나 접근성 측면에서 10CS가 대중적으로 가장 많은 사랑을 받았어요. 이를 거치지 않고 바로 고숙성으로 넘어간 사람들은 많지 않을 거예요. 입문서와도 같은 셈이죠. 글렌알라키 증류소에서 10CS는 어떤 역할을 하고 있나요? 앞으로 몇 배치까지 출시할 예정인지.**

현재의 배치가 이전 배치보다 더 좋아져야 한다는 생각으로 꾸준히 완성도를 높이고 있는 제품입니다. 저희가 만드는 주력 상품 중 하나죠. 10년이면 나쁘지 않은 숙성 연수입니다. 항상 엄선된 양질의 셰리 오크통을 사용하고 있습니다. 앞으로도 계속해서 만들어나갈 예정입니다.

**개인적으로 5배치가 가장 인상 깊었어요. 상큼한 포도와 진한 밀크초콜릿 맛이 인상적이었어요. 한국에서 알라키 열풍을 일으킨 배치라고 생각해요. 그런데 배치를 거듭할수록 부정적인 평가가 늘어나고 있어요. 가격은 오르는데 맛은 떨어진다는 평이 많아요. 이러한 시장의 평가에 대해서 어떻게 생각하고 있는지 궁금해요.**

보통 부정적인 생각을 하는 사람들이 악평을 남긴다고 생각해요. 반면 긍정적인 사람들은 꾸준히 새로운 위스키를 경험하고 받아들이면서 즐기는 것 같아요. 저는 제가 하는 일에 대한 확신이 있어서 악평에 흔들리지 않습니다.

**10CS를 만들 때 다양한 오크통을 사용하는 이유가 있는지, 그 기준이 무엇인지 궁금합니다.**

이유는 간단합니다. 다양한 오크통을 통해 여러 가지 복합적인 맛을 낼 수 있기 때문입니다. 제 역할은 모든 오크통이 각자의 개성을 표현할 수 있도록 돕는 것이죠. 예를 들면 페드로 히메네스, 올로로소, 아메리칸 버진 오크와 와인 오크통을 조합한 제품을 마신다고 가정해볼게요. 페드로 히메네스는 크리스마스 케이크, 체리와 같은 달콤한 캐릭터를 만들어주고, 올로로소는 모카, 다크 초콜릿, 건포도 같은 맛을 부각해줍니다. 버진 오크는 바닐라, 꿀과 같은 노트를 증폭시켜주죠. 와인 오크통은 타닌감을 느끼게 합니다. 이유 없는 조합은 없습니다.

## 앞으로의 계획에 대하여

**유명 작가들의 작품에는 안 보이는 서명 같은 게 있어요. 피카소나 고흐처럼 그림체만 봐도 누군지 알 수가 있는 것처럼요. 소비자들이 당신의 위스키를 마셨을 때 어떻게 기억해줬으면 좋겠나요?**

제가 이 업계에서 영향력 있는 블렌더가 될 수 있었던 건 큰 행운이었습니다. 그저 '좋은 위스키를 만들기 위해 끊임없이 노력하던 사람이 있었다.' 사람들이 제 헌신을 그렇게 기억해줬으면 합니다.

**사람들이 우스갯소리로, 좋은 원액이 전부 소진되면 증류소를 팔고 또 다른 곳으로 옮길 것으로 예측해요.**

글렌알라키 증류소는 제 야망의 결과물입니다. 7년에 걸쳐서 겨우 안정화 단계에 진입했습니다. 첫 번째 스테이지를 끝낸 셈이죠. 제 목표는 스페이사이드 최고의 증류소를 만드는 것입니다. 중요한 것은 일관성보다 완벽함을 추구하는 것입니다. 우리의 팀원들은 본인들이 각자 무엇을 해야 하는지 누구보다 잘 알고 있습니다.

### 글렌알라키 피트 라인은 미클토어로 계속 가는 것인지?

네, 미클토어Meikle Toir로 계속 갑니다. 아일라 피트와 메인랜드 피트에는 결정적인 차이가 있습니다. 미클토어에서의 최종 목표는 페놀의 영향력을 유지하면서 병원스럽지 않은 제품을 내놓는 것입니다. 시장조사 결과 요오드나 병원향이 과하게 들어가지 않은 피트에 대한 수요가 높다고 판단했어요. 아일라에서 나오는 해양 퇴적물보다는 나무나 식물 등의 분해로 만들어진 메인랜드 피트가 적합하다고 생각했어요. 메인랜드의 피트는 아일라섬의 피트에 비해 단맛이 더 강합니다. 그렇다고 피트가 너무 약한 것은 원치 않아요. 그래서 저희는 페놀 수치가 가장 높게 나타나는 증류주를 찾아서 60~65ppm 정도의 스피릿을 활용합니다. 절대 나쁘지 않은 선택이 되리라 생각합니다.

### 한국 위스키 팬들에게 하고 싶은 말은?

이틀에 걸쳐 마스터 클래스를 진행했어요. 한국인들이 가진 위스키에 대한 지식과 호기심에 정말 깜짝 놀랐습니다. 위스키 시장에서는 매우 긍정적인 흐름이라고 보고 있어요. 이들이 나아가 위스키 시장을 주도하고 또 글렌알라키를 대표하는 소비층이 되기를 바랍니다. 이제는 소비자들이 자신들이 무엇을 원하고 어떤 것을 마시고 있는지 알고 있는 것 같습니다.

Part 3
/

평생
단 하나의 위스키만
마셔야 한다면

# 살충제 회사가 만든
# 1등 위스키

———◆———

"열대 과일입니다. 열대 과일잼입니다."

세계적인 위스키 품평가 찰스 맥린Charles MacLean이 "오 마이 갓"을 외치며 위스키 맛을 평가했습니다. 현장에 있던 심사위원들은 믿을 수 없다는 반응을 보였고 만우절 장난이 아니냐는 이야기까지 오갔습니다. 2010년 스코틀랜드 리스Leith에서 열린 블라인드 테이스팅 시음회에서 이름조차 생소했던 카발란 증류소 제품이 스카치위스키들을 제치고 1위를 차지한 것입니다.

한국에 김소월이 있다면, 스코틀랜드에는 국민 시인 로버트 번즈가 있습니다. 스코틀랜드 문학사에서 그를 빼놓고 이야기할 수는 없을 것입니

대만에서 증류한 위스키가 블라인드 테이스팅에서 스카치위스키를 제치고 1위를 차지했다는 내용을 실은 외신 보도. 2010.1.25. ©더 타임즈

다. 로버트 번즈의 탄생일인 1월 25일을 전후로 '번즈 나이트'라는 행사가 열립니다. 이날 행사의 하나로 위스키 블라인드 테이스팅이 진행됐습니다. 시음회에 준비된 술은 스코틀랜드 위스키 3종과 잉글랜드, 대만 위스키까지 총 다섯 종류. 주최 측이 위스키 브랜드를 숨긴 의도는 스카치위스키의 압도적인 우위성을 과시하기 위해서였습니다. 그들만의 잔치에 잉글랜드와 대만 위스키가 들러리로 낀 셈이었죠.

하지만 결과는 처참했습니다. 찰스 맥린은 이날 꼴찌를 차지한 스카치위스키에 대해 "식용유도 디젤도 아닌 기계용 기름 맛이 났다."라고 혹평을 남겼습니다. 세계 최고로 여겨졌던 스카치위스키가 하룻밤 사이에 체면을 제대로 구긴 것입니다. 반면 대만 위스키인 카발란은 이날 이후 날개를 달고 비상합니다.

2010년에 대만 위스키가 세계 위스키 연감에 등재됐고, 2015년에는 카발란 솔리스트 시리즈의 '비노바리크Vinho Barrique'가 월드 위스키 어워즈 World Whiskies Awards에서 최고의 싱글 몰트로 선정돼 전 세계인의 주목을 받게 됩니다. 지금도 수많은 위스키 애호가 사이에서 해외 면세가 기준 10만 원대 최고의 가성비 위스키 중 하나로 뽑히고 있습니다. 그런데 대체 카발란 증류소는 어떤 곳이길래 이런 성과를 낼 수 있었던 것일까요?

## 모기 퇴치제로 시작된 카발란의 역사

카발란의 역사는 1956년 모기 퇴치제와 바퀴벌레 미끼로 사업을 시작해, 캔 커피Mr. Brown로 대기업 반열에 오른 대만의 킹카 그룹King Car Group에서 시작됩니다. 위스키를 사랑했던 리톈차이 회장은 2002년 대만이 세계 무역기구에 가입하면서 증류소를 설립합니다. 이전까지 주류 독점 생산권이 정부에 있어 민간에서 위스키 생산이 불가능했던 대만에서 2005년 최초의 위스키 증류소인 카발란이 탄생합니다. 카발란 증류소는 대만 북서쪽 이란현에 자리 잡고 있으며 이곳에 거주하던 원주민의 이름을 따서 지었다고 합니다.

대만은 아열대 기후로 습하고 더워서 위스키 생산에 이상적인 기후는 아닙니다. 위스키는 오크통에서 숙성되면서 원액이 조금씩 증발합니다. 스코틀랜드인들은 이를 천사의 몫Angel's Share이라 부릅니다. 일 년 내내 서

2005년에 설립된 대만 일란현에 위치한 카발란 증류소 모습. 우측에 보이는 5층짜리 건물이 숙성 창고다. ⓒ골든블루인터내셔널

늘한 스코틀랜드에서는 매년 평균 2프로가 천사의 몫으로 돌아가지만, 대만은 해마다 10~15퍼센트가 증발한다고 합니다. 대만에서 12년 이상 숙성 시 원액의 상당 부분이 증발해서 오크통에 남아 있는 술이 거의 없을 것입니다.

증류소 설립 당시 컨설팅을 위해 초청받은 위스키 전문가들은 입을 모아 대만에서는 위스키를 만들 수 없다고 말했습니다. 과도한 증발량 때문이었죠. 하지만 그중 한 사람의 의견만 조금 달랐습니다. 위스키계의 아인슈타인이라 불리는 짐 스완Jim Swan 박사는 아열대 기후에 최적화된 위스키를 생산할 수 있도록 새로운 가이드라인을 제시합니다. 여기에 짐 스

대만 일란현에 있는 카발란 증류소에서 직원이 오크통 내부를 태우고 있는 모습. ⓒ게티이미지코리아

완의 수제자인 이안 창까지 카발란의 마스터 블렌더로 활약하면서 증류소는 본격적으로 사업에 시동을 걸게 됩니다.

그는 3년이라는 짧은 숙성 기간으로도 스카치위스키의 12년 숙성과 같은 풍미를 낼 수 있는 S.T.R 기법을 개발합니다. 이는 와인 오크통 내부를 깎아Shave 안 좋은 맛을 제거하고 통 내부를 불로 굽고Toast 다시 태워Rechar 열대 과일 향과 바닐라, 초콜릿의 풍미를 끌어내는 기법입니다. S.T.R 오크통에서 탄생한 제품이 카발란의 역작 비노바리크입니다. 한편, 카발란의 5층짜리 숙성 창고 최고 온도는 42도가 넘습니다. 숨을 쉬기도 힘든 환경에서 위스키가 숙성되고 있는 것이지요. 여름에는 최대한 숙성고의 온도를 높이기 위해 창문을 닫아두고, 겨울에는 창문을 열어 낮은 온도로

숙성합니다. 대만 특유의 기온 변화를 극단적으로 활용하는 숙성 방식을
채택한 셈입니다.


## 전 세계인이 사랑한 위스키 솔리스트, 비노바리크

카발란 위스키 중에 앞에 솔리스트가 붙는 제품들이 있습니다. 버번,
올로로소 셰리, 피노 등 그 종류가 다양합니다. 그중에서도 비노바리크는
해외에서 20만 원 이하로 보이면 고민 없이 사라고 이야기할 정도로 인기
가 많았습니다. BTS의 RM, 박찬욱 영화감독도 평소 솔리스트 시리즈를
즐겨 마시는 것으로 알려져 있습니다.

솔리스트란 카발란의 싱글 캐스크 스트렝스Single Cask Strength 시리즈를
의미합니다. 카발란의 제품들은 숙성 연수 표기 없이 대부분 나스NAS로
출시됩니다. 비노바리크의 경우 5~6년 정도 숙성된 것으로 보입니다. 비
노Vinho는 포르투갈어로 와인을 의미하고 바리크Barriqe는 대략 220리터의
오크통을 말합니다.

비노바리크는 직관적으로 짙은 포도잼과 열대 과일, 초콜릿 맛이 인상
적입니다. 도수는 대부분 50도 후반으로 병입되기 때문에 높은 도수가 익
숙하지 않은 분들에게는 술맛이 강하게 느껴질 수 있습니다. 알코올 도
수가 너무 높다고 판단되면 물을 어느 정도 섞어 마셔도 괜찮습니다. 오
히려 응축돼 있던 위스키의 향을 열어주고 맛도 풍성하게 만들어줍니다.

카발란 솔리스트 시리즈. 박찬욱 영화감독이 즐겨 마시는 올로로소 셰리(왼쪽)와 S.T.R 오크통
에서 숙성된 비노바리크.

단, 비노바리크의 경우 모든 술이 싱글 캐스크Single Cask에서 나오기 때문
에 같은 오크통에서 병입된 제품이 아니라면 맛에 편차가 있습니다. 어느
정도 뽑기 운이 필요한 셈이죠.

　신생 증류소인 카발란에게 20년이 채 되지 않는 짧은 역사는 장애물이
아니었습니다. 역사가 짧은 만큼 품질을 높이기 위해 끊임없이 노력했고,
열대 기후의 단점도 장점으로 승화시켰습니다. 그 결과 수많은 국제 대회
수상으로 그 실력을 입증하며 위스키 숙성 기간에 대한 인식을 바꿨습니
다. 여러분들도 열대 기후가 빚어낸 달콤한 위스키 한잔 경험해보는 것은
어떨까요?

# 평생 단 하나의 칵테일만
# 마셔야 한다면

◆———◆

선배가 수줍게 가방에서 뭔가를 주섬주섬 꺼냅니다. 자세히 보니 버번 위스키, 설탕, 오렌지를 비롯해 칵테일에 쓰이는 각종 집기류를 준비해온 것입니다. 노량진 수산시장 횟집에서 후배들을 위해 야심 차게 이벤트를 준비한 것이지요. 그는 확신에 찬 눈빛으로 음료를 제조하기 시작했고 이내 참가자들에게 술잔을 돌렸습니다. 현장에 모인 사람들은 연신 잔에 코를 박고 음료를 음미하기 시작했습니다. 어딘지 모르게 조잡하고 엉성했던 제조 과정과는 다르게 맛은 꽤 좋았습니다. 사람들은 저마다 놀랍다는 반응을 보였고, 해당 칵테일을 처음 접한 이들도 홀린 듯이 술잔을 비웠습니다. 이날 밤 준비됐던 칵테일의 이름은 '올드 패션드'.

노량진 수산시장 횟집에서 제조 중인 올드 패션드 칵테일.

올드 패션드의 가장 큰 매력은 타격감 있는 위스키 맛 이후에 오는 오렌지의 상큼한 시트러스 향과 단맛의 조화에 있습니다. 삐끗하면 너무 달거나 시큼해질 수 있어 원재료의 비율이 매우 중요합니다. 200년 넘는 역사를 가진 원초적인 클래식 칵테일이지만, 수많은 바텐더가 여전히 심혈을 기울여서 만드는 음료이기도 합니다. 평생 단 하나의 칵테일만 마셔야 한다면 '올드 패션드'를 선택하는 사람도 많을 것입니다.

## 올드 패션드의 시작

올드 패션드의 이야기는 1806년 5월 13일 자 뉴욕, 허드슨에서 발행하는 신문The Balance, and Columbian Repository에서 시작됩니다. 당시 칵테일에 관해 묻는 한 독자의 질문에 편집자는 '증류주, 설탕, 물, 비터스'로 구성된 음료라고 정의합니다. 이는 오늘날 올드 패션드의 제조법과 일맥상통하는 내용입니다. 하지만 당시에는 올드 패션드가 아닌 '비터스 슬링'으로 불렸습니다. 여기서 비터스란 유럽에서 약재로 쓰이던 술을 의미하는데 주로 식물의 뿌리, 허브, 꽃 등을 배합해서 만든 농축액입니다. 음식으로 치자면 미원 같은 존재로 술에 복합성이나 풍미, 감칠맛 등을 더해줍니다.

1800년대 중반부터 칵테일에 대한 수요가 늘기 시작하면서 바텐더들의 고심도 깊어집니다. 이들은 비터스 외에도 다양한 술과 재료를 사용해 실험

1806년 5월 13일 자 뉴욕, 허드슨에서 발행하는 신문에서 편집자는 칵테일을 '증류주, 설탕, 물, 비터스'로 구성된 음료라고 정의했다. ©cocktailcalendar

적인 칵테일을 만들기 시작합니다. 하지만 열정도 과하면 독이 되듯, 다소 과한 칵테일 맛이 불편했던 애주가들이 오로지 위스키, 설탕, 비터스만 넣어 만든 '옛날 방식'의 칵테일을 찾기 시작합니다. 마치 소금과 후추만으로 간을 맞춘, 담백하게 완성된 요리를 찾는 것처럼요. 수많은 칵테일이 범람하던 시절 기본에 충실하게 만들어진 칵테일은 '올드 패션드'라는 이름을 갖게 됩니다.

올드 패션드의 공식적인 기록은 1880년대 미국 켄터키주 루이빌에 있는 '펜데니스 클럽'에서 만들어진 것으로 전해집니다. 켄터키 하면 많은 분들이 프라이드치킨을 떠올릴 것입니다. 술에 관심이 좀 있는 분들은 버번위스키를 외치겠지요. 하지만 미국 내 가장 권위 있는 경마 대회 중 하나인 '켄터키 더비'도 1875년 이곳에서 시작됐습니다. 당시 경마꾼들을 위해 만들어진 칵테일이 올드 패션드라고 합니다. 희비가 엇갈렸던 장소인

만큼 축배와 각별한 위로가 필요했던 사람들을 위한 술이었을 것입니다. 한편, 이 클럽의 회원이었던 제임스 E. 페퍼 대령이 '뉴욕의 왕궁'이라 불리는 월도프 아스토리아 호텔로 이 칵테일을 전파하면서 올드 패션드의 인기가 시작됐다고 합니다.

## 금주법으로 자리 잡은 미국의 칵테일 문화

미국의 칵테일 문화가 빠르게 자리 잡을 수 있던 이유로 '금주법'을 빼놓을 수 없습니다. 본래 취지와는 다르게 다양한 칵테일이 개발되고 수요도 폭발적으로 늘어나던 시기입니다. 정책 초창기에 강제로 문을 닫았던 술집들은 주류 밀매점인 스피크이지 바로 부활해, 술에 목말라 있던 군중들의 욕구를 채워주기 시작합니다.

당시 바텐더들의 궁극적인 목표 중 하나는 얄궂은 술맛을 숨기는 데 있었습니다. 당시 암암리에 유통되던 대부분의 밀주는 증류 기술이 떨어졌고 위생 상태가 좋지 못해 맛이 거칠거나 잡냄새가 심했기 때문입니다. 그들은 술에 강한 맛의 시럽을 첨가했고 과일 등을 사용하여 저급한 술맛을 창의적으로 가렸습니다. 즉, 불법으로 유통되는 밀주의 맛을 보완하기 위한 칵테일들이 탄생하게 된 것입니다.

1933년 금주법이 폐지되고 주류 판매가 다시 허용되면서 칵테일 문화도 본격적으로 번창하기 시작합니다. 칵테일은 더욱 정교하고 세련되게 진화됐고 고품질의 증류주와 신선한 과일, 주스 같은 재료의 사용이 중요해졌습니다. 바텐더는 단순히 술을 제공하는 사람이 아닌 숙련된 전문가로 인정받게 되었습니다. 이쯤 됐으면 이제 맛이 궁금할 겁니다. 그래서 바로 소개하려 합니다. 전 세계인이 사랑하는 칵테일 중 하나인 올드 패션드의 레시피.

## 올드 패션드 제조법

### 준비물

• 50도 정도의 버번위스키 또는 라이 위스키
• 데메라라 큐브 설탕 혹은 시럽
• 앙고스트라 비터스
• 오렌지

### 제조법

1. 먼저 바닥이 두툼하고 무거운 온더록 잔에 데메라라 큐브 설탕 한 조각을 넣고 앙고스트라 비터스 3~4대시를 뿌려줍니다. 여기서 대시란 무심하게 손목 스냅을 이용하여 툭툭 뿌리는 정도로 이해하시면 됩니다. 비터스에 적셔진 설탕은 머들러로 꾹꾹 눌러서 으깨줍니다.

2. 오렌지 껍질을 세척 후 얇게 벗겨 잔 내부에 적당히 묻히고 으깨진 설탕과 함께 머들러로 적당히 눌러줍니다. 이 과정에서 오렌지 껍질

몰트 바, 팩토리 정에서 제조된 불렛 라이로 만든 올드 패션드 모습.

의 기름이 설탕과 버무려지면서 풍미가 깊어집니다.

3. 소다수를 바닥에 자작하게 붓고 설탕과 오렌지 기름이 섞일 수 있도
록 골고루 저어줍니다.

4. 잔에 최대한 딱 맞는 큰 얼음을 넣고 버번이나 라이 위스키를 2온스
(약 57밀리리터) 부어 잘 저어줍니다. 얼음이 커야 덜 녹아서 술맛이
오래 유지될 수 있습니다.

5. 취향에 따라 완성된 음료에 마라스키노 체리를 넣어 마무리하면 끝.

사람마다 취향이 달라서 정답이라고 할 수 있는 레시피는 없습니다. 기
본 틀에서 입맛에 맞게 비율을 조절해 자신만의 레시피를 찾아가면 됩니
다. 위스키나 데메라라 설탕, 시럽 등은 취향에 따라 바꿀 수 있지만 비터

스와 오렌지는 대체 품목을 찾기 어렵습니다. 이왕이면 원칙을 지켜주는 게 좋습니다. 그 어떤 몰트 바를 가도 맛이 같은 올드 패션드는 없을 것입니다. 바텐더마다 취향이 다르고 손님도 기분이나 날씨에 따라 입맛이 바뀌기 때문입니다. 좋은 자리가 있을 때 특별한 사람들을 위해 올드 패션드의 매력을 보여주는 것은 어떨까요? 저는 버번 대신 라이 위스키를 넣는 것을 추천합니다. 참고로 칵테일은 얼음이 녹기 전 10~15분 이내에 마시는 것이 좋습니다. 얼음이 녹기 시작하면 맛도 변합니다.

## 이 불맛에 반한다!
## 맥캘란 30년과 어깨 견준
## 10만 원대 위스키

•———•

고기는 프라이팬보다 밀도 높은 참숯으로 구웠을 때 더 맛있게 느껴집니다. 참나무 성분이 고기에 배면서 '불맛'이 나기 때문입니다. 사람들은 캠핑장에서 '불멍'으로 몸과 마음의 피로를 풀기도 합니다. 모닥불에서 나는 짙은 나무 냄새만 맡아도 몸이 나른해지고 치유되는 느낌이 듭니다. 어쩌면 불로 인류의 문명을 일군 인간의 본능 때문일지도 모르겠습니다.

이런 본능은 위스키 제조까지 이어졌습니다. 위스키에 불맛을 입힌 것입니다. 코를 잔에 대는 순간 바닷가에서 피운 장작 연기에 은은하게 구운 과일이 연상됩니다. 위스키를 한 모금 머금으면, 바다의 소금기를 담은 연기와 함께 달콤하게 구워진 과일들이 입안을 가득 채우는 듯합니다. 목 넘김은 물보다 부드럽습니다.

아일라섬에 위치한 라가불린 증류소.

아일라 위스키의 정수 '라가불린 16년' 이야기입니다. 세계적인 위스키 평론가 마이클 잭슨의 저서Malt Whisky Companion에서 최고 평점을 받으며 명작 반열에 오른 위스키입니다. 이 책에서 최고점을 받은 또 다른 위스키는 맥캘란 25년과 30년입니다. 가격이나 숙성 연도의 차이를 고려하면 충격적인 평가입니다. 평소 스페이사이드 위스키를 즐겨 마셨던 그가 아일라섬 위스키인 라가불린에 가장 높은 점수를 매겨 더욱 화제가 되기도 했습니다.

아일라 위스키 불맛의 비밀은 피트Peat입니다. 피트는 아일라섬을 뒤덮고 있는 자연 퇴적층으로 '축축한 석탄'과 흡사합니다. 이 피트를 태워 맥

스코틀랜드 아일라섬을 뒤덮고 있는 자연 퇴적층인 피트. ⓒ게티이미지코리아

아를 말리는 과정에서 강한 훈연 향이 배어들게 됩니다. 훈연 향은 그대로 스피릿까지 이어져 해조류의 짭조름한 맛을 끌어내며 아일라 위스키의 매력을 완성합니다. 피트가 익숙하지 않은 사람들에게는 이 훈연 향이 요오드나 '병원 냄새' 혹은 지사제인 정로환으로 인식되기도 합니다. 초심자를 상대로 블라인드 테이스팅을 해도 단번에 아일라 위스키임을 직감

할 수 있을 정도로 개성이 강합니다. 그중에서도 '아일라의 왕'으로 불리는 위스키가 있습니다. 바로 '라가불린'입니다.

## 한시도 가만히 있지 못했던 피터 매키

라가불린의 역사는 1742년으로 거슬러 올라갑니다. 라가불린은 게일어로 방앗간이 있는 분지를 의미합니다. 스코틀랜드 아일라섬 남단, 킬돌턴 해안에 있는 증류소는 불법으로 밀주를 생산하던 농장이었습니다. 농장이 섬에 있는 곳이다 보니 밀주 단속반의 눈을 피하기에는 더없이 좋은 환경이었던 것이지요. 당시 농장주인 존 존스턴은 1816년 정식으로 주류 허가 면허를 받고 1825년 사업 확장을 위해 폐쇄돼 있던 인근의 아드모어 증류소를 인수합니다. 1836년 창업주가 세상을 떠나고 글래스고의 주류상인 알렉산더 그레이엄이 증류소를 인수하는데 이듬해 두 증류소를 합병하면서 지금의 라가불린 증류소가 탄생합니다. 이후에도 여러 차례 주인이 바뀌지만, 1890년대 증류소를 인수했던 피터 매키Peter Mackie가 조종간을 잡으면서 라가불린의 인기는 급상승합니다.

그는 화이트 홀스White Horse라는 블렌디드 위스키의 주재료로 라가불린을 사용해 전 세계적인 주목을 받습니다. 1908년에는 영국 왕실 보증서인 로열 워런트와 그랑프리를 두 번이나 수상하는 성과를 거두었습니다. 화이트 홀스는 당시 에든버러에 있는 여관의 이름에서 따왔고, 간판에 있던 백마 그림을 라벨로 사용했습니다. 1930년대 일제 강점기에 부유한 모던

보이들이 즐겨 찾던 경성의 카페와 바에서 '백마표' 위스키란 이름으로 판매되기도 했습니다.

피터 매키는 스카치위스키 역사에서 가장 열정적이고 헌신적인 인물 중 하나로 꼽힙니다. 당시 작가인 로버트 브루스 록하트Robert Bruce Lockhart는 매키에 대해 천재, 과대망상증, 괴짜의 혼합체로 묘사했고 '한시도 가만히 있지 못하는 피터'라는 별명을 지어줍니다. 이 무렵

스카치위스키 역사에서 가장 열정적이고 헌신적인 인물 중 하나로 뽑히는 피터 매키. ⓒ위키피디아

은 위스키 재벌 조니워커 가문도 사업을 확장하던 시기입니다. 어쩌면 경쟁자들을 따라잡아야 한다는 심적 압박감에 안절부절못하던 그에게 붙여진 별명일지도 모르겠습니다.

## 라프로익 증류소와 '물 전쟁'

매사에 열정적이었던 피터는 옆 동네 라프로익과 '물 전쟁'을 벌이기도 했습니다. 피터 매키는 라가불린에서 고작 2킬로미터가량 떨어진 라프로

익 증류소의 원액을 사들여 블렌딩에 사용하고 있었습니다. 하지만 당시 새로 취임한 라프로익의 매니저 이안 헌터Ian Hunter는 자신들의 원액이 너무 싼값에 넘어가고 있는 것을 확인하고 일방적으로 계약을 파기합니다. 오랜 기간 라프로익과 거래를 해온 피터 매키의 회사로서는 불만이 생길 수밖에 없었습니다. 처음에는 법정이 매키의 손을 들어줬지만 1907년 라프로익과의 계약이 공식적으로 종료되면서 상황은 역전됩니다.

당시 판결에 불만을 품었던 피터 매키는 라프로익 수원지인 킬브라이드Kilbride의 물길을 바위로 막아 증류소로 들어가는 물 공급을 차단했습니다. 하지만 이러한 행동은 결국 법정에서 제지됐고, 피터 매키에 의해 강제로 막혔던 물길은 다시 뚫리게 됩니다. 라프로익은 피터의 이런 괴짜다운 모습에 질려, 수원지 인근의 땅을 전부 매입해 혹시 모를 그의 또 다른 만행을 원천 차단해버립니다.

하지만 매키가 이대로 물러났으면 괴짜라는 별명이 붙지도 않았겠지요. 그는 라프로익 증류소의 핵심 기술자를 빼 오면서 라가불린 증류소 안에 라프로익과 똑같은 설비를 갖춘 몰트 밀Malt Mill이라는 증류소를 차립니다. 하지만 제아무리 똑같은 제조법으로 스피릿을 뽑고 숙성시켜봐도 라프로익과 똑같은 맛은 나지 않았다고 합니다. 1962년에 문을 닫은 몰트 밀은 현재 증류소 방문객 센터와 관리사무실로 사용되고 있습니다.

1924년 피터 매키가 세상을 떠나면서 회사 이름은 매키에서 화이트 홀스 디스틸러스 리미티드로 변경되고 1927년 현재의 디아지오Diageo에 인수됩니다. 라가불린 증류소는 1941년 2차 세계대전으로 문을 닫고, 1951년에는 화재로 증류소 상당 부분이 파괴되는 아픔을 겪기도 했습니다.

1974년부터는 사람이 일일이 삽으로 맥아를 뒤집는 전통 방식인 플로어 몰팅을 중단하고 인근의 포트 앨런 증류소에서 맥아를 사서 사용하고 있습니다.

## 라가불린 16년의 탄생

오늘날 우리가 알고 있는 라가불린 16년은 1980년대에 그 첫 모습을 드러냈습니다. 위스키 평론가 마이클 잭슨이 최고 점수를 줬던 제품도 이 무렵에 생산됐을 것으로 추정됩니다. 위스키 마니아들 사이에서는 1980년대 출시된 제품과 현재 제품의 맛 차이가 크다는 의견이 많습니다. 플로어 몰팅의 유무와 원액의 차이로 판단됩니다.

사실 여부와 관계없이 라가불린 16년 초창기 제품들은 100만 원이 훌쩍 넘는 비싼 가격에 거래되고 있습니다. 그런데 아무리 맛이 좋아도 16년 숙성 제품에 100만 원을 넘게 쓰기에는 매우 부담스럽습니다. 하지만 너무 걱정하지 않아도 됩니다. 최근 출시된 제품들도 충분히 맛있어서 누군가에게는 '인생 위스키'로 꼽히고 있습니다. 할리우드 대표 주당 조니 뎁도 금주 기간에 라가불린의 향만 맡으면서 무료함을 달랬다고 합니다.

공식적이진 않지만, 라가불린 16년은 버번위스키를 담았던 오크통과 세리 오크통에서 숙성한 것으로 알려져 있습니다. 훈연 향 뒤로 은은한 꽃향기와 부드러운 과일 맛이 느껴지는 이유입니다. 알코올 도수 43도의 라가불린은 다른 아일라 위스키에 비해 피트가 부드러운 편입니다. 일반

명작 반열에 오른 위스키, 라가불린 16년.

적인 스카치위스키는 10~12년 숙성 제품들이 엔트리급으로 분류되지만, 라가불린의 경우 16년부터 시작됩니다. 오크통에서 16년 세월을 견뎌내며 피트 강도가 순해진 셈입니다.

'피트 인구'가 점점 늘어나면서 라가불린의 수요는 끊임없이 증가하고 있습니다. 한때 국내에서 품귀 현상까지 빚으면서 가격이 천정부지로 올랐던 라가불린 16년이 최근 수입사의 가격 인하와 안정적인 원료 공급으로 가격 측면의 경쟁력까지 갖추게 됐습니다. 물론 마이클 잭슨이 평가했던 제품은 아니지만, 여전히 밸런스 좋은 입문용 피트 위스키로 사랑받고 있습니다. 라프로익의 찌릿찌릿하고 강력한 피트가 부담스러웠다면, 라가불린은 좀 더 신사적이고 부드러운 장작이 타는 스모크 계열의 맛을 느낄 수 있을 것입니다. 라가불린이 여러분들의 '피트 진단 키트' 역할을 해줄지도 모르겠습니다.

# 여왕도 즐긴
## 폭탄주

---

    칠링된 길쭉한 유리잔에 큼지막한 얼음을 넣고 위스키 30밀리리터, 그리고 조심스럽게 탄산수를 유리잔 가득 붓고, 바 스푼으로 얼음 한 번 들썩. 취향에 따라 레몬에 가니시까지. 흔히 알려진 위스키 하이볼 레시피입니다. 오늘날 하이볼은 증류주에 무알코올 음료를 섞은 것을 통칭하는 표현입니다. 즉, 위스키뿐만 아니라 진에 토닉워터, 보드카에 주스를 타도 이를 모두 하이볼이라고 부를 수 있습니다.

    무작정 취하기 위해 부어라 마셔라 하던 음주 문화가 변하고 있습니다. 삼겹살에 소주, 치킨에는 맥주라는 공식도 깨진 지 오래입니다. 알코올의 절대 양보다는 맛이 더 중요한 시대, 그 틈새로 하이볼이라는 장르가 새롭게 둥지를 텄습니다. 가장 쉽게 만들 수 있는 칵테일 중 하나인 하이볼. 단순한 제조법과는 달리 그 역사는 생각보다 복잡합니다.

일본 블렌디드 위스키 '히비키'로 제조한 하이볼.

## 하이볼의 기원

영국인들은 일찍이 탄산에 관심이 많았습니다. 그들은 탄산의 압력을 견딜 수 있는 병을 개발했고 1662년 최초의 스파클링 와인을 탄생시켰습니다. 효모의 발효 과정에서 자연스럽게 탄산이 발생했던 것이죠. 1767년에는 영국의 화학자인 조셉 프리스틀리가 이산화탄소를 물에 주입해 탄산수를 개발합니다. 우연이 필연이 됐고, 영국 상류층의 사랑을 받던 스파클링 와인은 자연스럽게 포도주를 증류한 브랜디에 탄산수를 부어 마시는 형태로 발전합니다. 하이볼이라는 단어의 기원이 명확하지는 않지만 적어도 탄산수의 탄생에서 비롯됐다고 볼 수 있을 것입니다.

19세기 초, 영국은 나폴레옹 전쟁 때 내려졌던 '대륙봉쇄령'에 의해 브랜디 수입에 차질이 발생합니다. 심지어 1863년에는 영국 필록세라 진드기가 유행하면서 유럽 전역의 포도밭을 초토화했습니다. 포도 관련된 모든 업종에 암흑기가 찾아온 것이죠. 하지만 브랜디가 사라졌지, 술이 사라진 것은 아닙니다.

1837년부터 64년간 영국을 통치했던 빅토리아 여왕. 그는 스코틀랜드를 지상 낙원으로 표현했고 평소 보르도산 포도주에 위스키를 섞어 마셨습니다. '폭탄주'는 '빅토리아 여왕의 술'로 불리면서 당시 저평가됐던 스카치위스키를 영국 상류사회로 끌어냈습니다. 여왕의 취향에는 늘 대중의 이목이 쏠렸던 것이죠. 덕분에 영국인들은 자연스럽게 브랜디 대신 스카치위스키를 선택할 수 있었고 하이볼의 전신 격인 '스카치 앤 소다'가 자리 잡을 수 있었습니다. 유럽에서 스카치 앤 소다로 불리던 음료는 미국으로 건너가 '하이볼'이라는 이름을 얻습니다. 하지만 하이볼도 '원조 맛집 논란'처럼 원조를 주장하는 사람들이 많았습니다.

먼저 하이볼이 19세기 미국 철도 산업에서 유래됐다는 의견이 있습니다. 당시 열차의 진행 속도나 정지 등의 운행 조건을 알려주는 장치가 공Ball이었습니다. 기관사는 철도 교차로나 역에 매달린 공의 높이를 보고 열차의 속도를 판단했던 것이죠. 공이 높이 올라가 있으면 해당 역을 정차 없이 최대 속도로 통과해도 된다는 것을 의미했고 공이 낮으면 '멈춤'을

1970년대, 화물열차가 미국 뉴햄프셔 화이트 필드를 통과하기 위해 대기 중인 모습. 열차의 진행 속도나 정지 등의 운행 조건을 알려주는 장치인 공이 매달려 있다. ⓒRonald Johnson

의미했습니다. 역무원이 "하이볼!"이라고 외치면 선로가 비었으니 전속력으로 달려도 좋다는 의미로 해석할 수 있었겠지요. 하이볼은 속도와 관련 있는 용어로 신속함을 표현하는 속어로 사용됐던 것입니다.

기차 식당칸에서 준비됐던 음료는 흔들림에 강해야 했습니다. 증기기관차의 바퀴가 둔탁한 레일에 부딪히는 덜컹거림 정도는 견뎌야 했던 것이죠. 바텐더들은 점점 더 깊은 잔을 사용하기 시작했고 품이 많이 드는 섬세한 칵테일보다는 신속하게 제조할 수 있는 음료를 선호했습니다. 위스키 앤 소다는 필연적인 선택이었죠. 그때 잔 속에 떠 있던 얼음이 철도 교차로에 높이 올라간 공의 모습이랑 비슷하다고 하여 하이볼이라는 이름이 붙었다는 이야기입니다.

하이볼이 스코틀랜드의 골프 클럽에서 탄생했다는 일화도 있습니다. 스코틀랜드에서 골프를 칠 때 마시던 음료가 스카치 앤 소다였습니다. 경기 초반에는 공이 어느 정도 뜻대로 맞았겠지만, 후반부로 갈수록 취기 때문에 공이 자꾸 위로 올라가서 '하이볼'이라고 지었다는 우스갯소리도 있습니다.

1895년 크리스 로울러의 저서 '더 믹 시콜로지스트'.

1892년 듀어스Dewar's의 창립자 아들인 토미 듀어가 최초의 하이볼을 만들었다는 이야기도 있습니다. 그가 뉴욕의 바에서 위스키에 얼음과 소다수를 넣어달라고 주문했는데 바텐더가 너무 작은 잔을 준비했던 것이죠. 토미는 얼음과 소다수를 풍성하게 넣을 수 있는 긴 잔을 요구했고 당시 술을 의미하는 볼Ball과 긴 잔이 합쳐져 하이볼이 탄생했다는 내용입니다.

하이볼에 대한 공식적인 기록은 1895년 크리스 로울러Chris Lawlor의 저서 '더 믹시콜로지스트The Mixicologist'에 등장합니다. '얇은 에일 잔에 얼음한 덩어리를 넣고 탄산수를 잔 윗부분에서 1인치 이내로 채운다. 지거Jigger(계량컵) 반 정도 양의 브랜디 또는 위스키를 띄워준다.' 이는 영락없는 하이볼 제조법입니다. 1894년 '인도에서 온 나의 친구'라는 연극에서 극 중 배우가 하이볼이라는 음료를 언급하기도 했으나 로울러가 최초로 이를 문서화시켰던 것입니다.

일본 도쿄에 위치한 하이볼 전문점. 산토리 위스키의 '가쿠빈' 모습.

## 일본에서 꽃 피운 하이볼 문화

빅토리아 여왕의 폭탄주에서 시작된 음료는 미국에서 이름을 얻고 일본 문화에 정착합니다. 산토리 위스키의 아버지 격인 도리이 신지로가 1937년, 하이볼 유행의 대표 기주인 '가쿠빈'을 출시한 것이죠. 초창기 가쿠빈은 알코올 도수 43도의 블렌디드 위스키였습니다. 사케 같은 낮은 도수의 발효주에 익숙한 일본인들에게는 독하게 느껴질 수 있었겠죠. 하지만 위스키에 물을 타서 도수를 낮춰 마시는 미즈와리와 함께 하이볼은 자연스럽게 식중주로 자리를 잡기 시작합니다. 탄산수와 얼음이 높은 도수의 증류주를 마시기 편한 음료로 희석해줬기 때문입니다.

하이볼은 일본의 선술집인 이자카야에서 불티나게 팔렸고 일본 위스키는 본격적으로 부흥기를 맞이하게 됩니다. 이제는 마트나 편의점 등에서도 손쉽게 바로 마실 수 있는 RTD Ready to drink 캔 음료를 발견할 수 있을 것입니다. 그 유행이 코로나19를 기점으로 한국까지 넘어왔습니다.


## 하이볼 기주 선택법

하이볼은 기주에 따라 그 방향성이 바뀝니다. 본인이 어떤 맛을 선호하는지만 알아도 선택은 쉬워집니다. 그중 딱 세 가지만 기억하면 됩니다. 훈제나 장작 타는 맛을 원한다면 피트 위스키. 상큼한 열대 과일 계열의 느낌을 내고 싶다면 버번 오크통에서 숙성된 위스키. 말린 과일이나 견과류 계열의 고소함을 느끼고 싶다면 셰리 위스키를 선택하면 됩니다. 단, 셰리 위스키는 하이볼과의 궁합이 썩 좋지만은 않습니다. 자칫 셰리가 가진 안 좋은 맛들이 탄산수와 만나 증폭될 수 있기 때문입니다. 셰리 오크통이 가진 유쾌하지 않은 나무 맛이나 어중간한 포도의 쓴맛 등이 대표적입니다. 반면, 탄산수와 블렌디드 위스키와의 궁합은 좋은 편입니다. 블렌디드 위스키 특유의 씁쓸한 곡물 맛을 탄산수가 말끔하게 잡아주기 때문입니다. 조니워커 계열의 블렌디드 위스키가 하이볼 기주로 사랑받는 이유입니다.

 기주만큼 중요한 게 탄산수와 얼음입니다. 얼음은 최대한 크고 단단한 게 좋습니다. 하이볼은 제조와 동시에 얼음이 녹으면서 술맛이 묽어집니다. 몰트 바에서 잘 녹지 않는 투명하고 큼지막한 얼음을 쓰는 이유도 그것입니다. 탄산수는 청량감이 강한 제품이 좋습니다. 자잘한 느낌의 밀도감 있고 부드러운 탄산수가 제일 좋겠지만 '싱하' 정도면 충분합니다. 하이볼은 칠링된 잔에 얼음과 위스키, 탄산수를 붓고 바 스푼으로 휘저어 서빙되는 순간이 가장 맛있습니다. 바텐더들도 하이볼만큼은 빠르게 마시는 것을 추천합니다.

 너무 비싼 위스키를 고집할 필요는 없습니다. 하이볼은 복잡하게 이것저것 생각할 것 없이 쉽게 타 마시는 것이 묘미입니다. 너무 비싼 위스키로 하이볼을 타면 생각만 많아집니다. 자신도 모르게 여러 가지 맛을 찾으려고 애쓰고 있는 모습을 발견할지도 모르겠습니다. 참, 피트는 하이볼에서 감초와 같은 역할을 해줍니다. 피트 하이볼에 가니시로 레몬 대신 검정 통후추를 북북 갈아서 넣어보세요. 순후추가 아닌 반드시 통후추여야 합니다. 한 모금 맛보는 순간 하이볼의 새로운 면을 발견하게 될 것입니다.

# 단 하나의 싱글 몰트만 마셔야 한다면…
## 25년 차 마스터의 선택

◆ ━━ ◆

아무리 맛있는 음식도 한 가지만 먹다 보면 질립니다. 위스키도 마찬가지입니다. 특히 자기주장이 너무 강하거나 맛이 한쪽으로 치우친 위스키는 한두 잔만 마셔도 입안이 금세 피곤해집니다. 이럴 때 보통 위스키의 밸런스가 좋지 않다는 표현을 씁니다. 밸런스는 위스키를 구매하는 데 매우 중요한 역할을 합니다. 자칫 잘못하면 한 병을 다 비우기가 어려워질 수도 있기 때문입니다.

25년 차 오너 바텐더 마스터에게 물었습니다. 몰트 바 '팩토리 정亭'의 박시영 마스터는 25년째 칵테일을 제조하고 있습니다. 그의 손을 거친 칵테일에서는 말로 표현할 수 없는 연륜과 깊이가 묻어납니다. 그 맛의 중심에는 '절대 밸런스'라는 요소가 깊숙이 자리하고 있습니다. 마스터의 칵테일은 치열하고 자극적인 맛이 아닌, 서서히 스며드는 매력이 있습니다.

부나하벤 제품들 모습. 엔트리는 증류소가 가진 원액의 특징을 합리적인 가격에 엿볼 수 있는 구간이다.

그렇다고 무작정 순하지만은 않습니다. 초반에는 슴슴한 듯하지만 중후
반부에 임팩트 있는 맛이 훅 치고 들어옵니다. 그런 마스터의 위스키 취
향이 궁금했습니다. 칵테일 제조에 있어서 8할이 밸런스인 사람은 평소
어떤 위스키를 좋아할까? 그래서 물었습니다.

"살면서 단 하나의 엔트리급 위스키를 마셔야 한다면 어떤 것을 선택하
시겠습니까?"

"부나하벤 12년입니다."

그는 선정 이유를 "위스키에 비어 있는 맛이 없고 밸런스가 좋기 때문"
이라고 했습니다.

## 마스터 블렌더의 고심이 담긴 엔트리 위스키

보통 스카치위스키는 10년에서 12년 숙성의 위스키를 엔트리급으로 분류합니다. 각 증류소에서 나오는 가장 낮은 등급의 위스키인 셈입니다. 하지만 등급이 낮다고 절대 무시할 수는 없습니다. 엔트리는 증류소가 가진 원액의 특징을 합리적인 가격에 엿볼 수 있는 구간이기 때문입니다. 이렇다 보니, 각 증류소 마스터 블렌더들의 고심이 고스란히 담겨 있을 수밖에 없는 게 엔트리급 위스키입니다. 일단 첫인상이 좋아야 애프터를 받을 수 있겠지요.

증류소의 특색도 모르고 무작정 고숙성 제품을 고집하면, 비싼 돈만 쓰고 입맛에 안 맞는 위스키를 만날 수도 있습니다. 애당초 피트의 훈제나 '불맛'이 싫은데, 숙성 연수만 높다고 맛있게 느끼기는 어렵기 때문입니다. 엔트리는 이러한 위험 부담을 줄이는 데 조금이나마 도움이 될 것입니다. 고숙성으로 가기 전 맛보기 단계라고 생각하면 됩니다. 같은 맥락에서 부나하벤 12년도 해당 증류소의 첫 관문인 셈입니다.

## 부나하벤 마을의 탄생

1881년 지어진 부나하벤은 스코틀랜드 게일어로 '강 하구'를 의미합니다. 19세기 후반은 위스키 붐과 빅토리아 문화의 정점을 찍었던 시대입니다. 위스키 산업이 영원할 것만 같았던 시절이었죠. 그래서인지 부나하벤

증류소의 건축물에서는 대영제국의 웅장함이 묻어나오는 듯합니다. 아일라섬 북동쪽 맨 끝 해안가에 있는 부나하벤 증류소는 최첨단 기술과 자동화된 설비를 갖춘 증류소였습니다.

문제는 너무 외딴곳에 있다 보니 증류소 직원과 가족들이 지낼 주택부터, 도로, 부두까지 모두 새로 지어야 했습니다. 당시 그 비용만 3만 파운드가 넘었다고 하는데 이는 오늘날 한화로 약 44억 원에 해당한다고 합니다. 핵실험을 위해 뉴멕시코의 외딴 사막에 새로 마을을 지어야 했던 오펜하이머 프로젝트와도 닮은 듯합니다.

부나하벤 증류소는 스코틀랜드 아일라섬에 있는 아홉 개 증류소 중 유일하게 피트를 쓰지 않는 곳으로 알려져 있습니다. 지역적인 특징인 피트를 내세워 독특한 풍미를 자랑하던 증류소들과는 차이가 있었던 것이지요. 그런데 부나하벤 증류소가 처음부터 논None 피트 제품을 주력으로 생산한 것은 아닙니다. 부나하벤도 여느 아일라 위스키처럼 시작은 피트였지만, 당시 대중에게 인기가 없음을 인지하고 논 피트로 빠르게 갈아탔던 것이지요.

부나하벤이 본격적인 성공 궤도에 오르게 된 계기는 유명 블렌디드 위스키 회사에 원액을 납품하면서입니다. 위스키에 관심이 있다면 누구나 한 번쯤은 들어봤을 법한 커티 삭Cutty Sark, 더 페이머스 그라우스The Famous Grouse, 블랙 보틀Black Bottle이 이에 해당합니다. 당시 블렌디드 회사들은 깔끔한 위스키 원액을 선호했기 때문에 부나하벤도 그들의 요구를 충실히 충족시켜야 했습니다.

1960년대 스카치위스키에 대한 수요가 급격히 증가하면서 부나하벤은 플로어 몰팅을 중단하고 1963년에는 증류기를 두 배로 늘렸습니다. 생산성이 떨어지는 플로어 몰팅을 과감하게 포기하고 원액 생산량을 늘렸던 것이지요. 당시 연간 생산량은 약 90만 리터로 스코틀랜드에서 가장 많은 위스키를 뽑아내는 증류소 중 하나였다고 합니다. 지금까지도 수많은 독립 병입 회사에서 부나하벤 원액을 보유하고 있는 이유입니다.

## 피트 없는 아일라 위스키, 부나하벤 12년

부나하벤 12년은 아일라 특유의 피트만 뺀 채, 바닷가의 짠 기운을 머금은 스피릿을 오크통에 숙성한 제품입니다. 맥아를 건조할 때 피트를 연료로 사용하지 않았다는 뜻입니다. 위스키 숙성에 사용된 오크통은 셰리와 버번을 담았던 오크통으로 셰리 25퍼센트, 버번 75퍼센트를 최종 병입 단계에서 매링Marrying해서 출시했습니다. 여기서 매링이란 각각의 오크통에서 꺼낸 원액을 다시 한번 커다란 오크통에서 4개월 내외로 숙성하는 과정입니다. 위스키가 가진 고유한 풍미에 균형을 찾아주는 작업입니다. 자칫 따로 놀 수 있는 맛을 안정화하는 단계라고 보면 됩니다.

부나하벤 12년의 알코올 도수는 46.3도로 여타 엔트리급 위스키보다 높습니다. 또 인공적인 캐러멜 색소를 타지 않았기에 색도 인위적이지 않고 오크통에서 배어 나온 그대로입니다. 냉각 여과도 거치지 않은 제품이라 간혹 헤이즈 현상이 발생할 수도 있으나 오히려 자연스러운 부분입니다. 부나하벤 12년은 1979년에 최초로 출시됐으며, 오늘날 우리가 접하

셰리와 버번 오크통에서 숙성한 원액을 섞은 부나하벤 12년. 알코올 도수
는 46.3도로 여타 엔트리급 위스키보다 높은 편이다.

고 있는 제품들은 2016년에 개편돼 생산되고 있습니다.

위스키를 한 모금 머금고 있으면, 솔티드 캐러멜과 건포도 맛이 교차합
니다. 그렇다고 꾸덕꾸덕한 셰리 위스키를 상상하면 안 됩니다. 버번 오
크통에서 숙성된 위스키가 주는 가볍고 화사한 과일 맛과 말미에는 에스
프레소와 다크 초콜릿 계열의 풍미가 입안에 맴돕니다. 위스키 사이사이
껴 있는 바닷가의 짠맛이 감초와 같은 역할을 해줘서 맛이 더욱 복합적으
로 느껴집니다. 그 어떤 맛도 튀지 않고 골고루 잘 펴 바른 듯한 균형 잡

부나하벤 증류소의 인사 팻말. 'Haste ye back'은 스코틀랜드에서 자주 쓰이는 인사말로, 서둘러 다시 오라, 당신은 언제든지 환영이라는 뜻을 담고 있다.

흰 맛이 인상적입니다.

　위스키를 구매할 때는 늘 신중해야 합니다. 한두 잔 마시고 입맛에 안 맞아서 방치되는 술들이 너무 많기 때문입니다. 정말 궁금한 위스키는 몰트 바에서 꼭 한 잔 정도 마셔보고 구매하는 것을 추천합니다. 어딜 가나 엔트리급 위스키는 취급하는 곳들이 많습니다. 한두 잔으로 위스키를 평가하기에는 어려움이 많겠지만 최소한의 방향성 정도는 알 수 있을 것입니다. 피트의 성지 아일라에서 피트만 쏙 뺀 부나하벤 12년의 매력을 느껴보면 좋겠습니다.

# 칠면조 그림 밑 '101프루프',
# 이 위스키 대체 몇 도야?

사진 속 야생 칠면조가 그려진 위스키의 알코올 도수는 몇 도일까요? 자세히 보면 도수가 표시되어 있어야 할 자리에 101이라는 숫자와 프루프 Proof라는 단어가 보입니다. 그렇다면 해당 위스키의 도수는 101도일까요? 지금부터 프루프의 정체를 밝혀보겠습니다.

와일드터키 101, 8년 숙성 제품 모습. ⓒrarebird101

'해가 지지 않는 나라'로 불렸던 대영제국 해군들의 음주 생활에 대해

들어보았나요? 16세기 세계 곳곳에 식민지를 개척하고 다니던 해군들의 고질적인 문제 중 하나가 식수 부족이었습니다. 식수 대부분을 런던의 템스강처럼 오염된 수원지에서 길어왔기 때문에 출항과 동시에 물이 담긴 나무통에서 악취가 올라왔을 것입니다. 그래서 당시 영국 함대 지휘관인 에드워드 버넌Edward Vernon은 선원들에게 오염된 물 대신 럼을 배급합니다. 이때 장교들에게는 순도 높은 럼을 제공했지만, 일반 병사들에게는 럼에 물을 섞은 그로그Grog를 공급했습니다. 그 이유는 간단합니다. 당시 비타민 C 부족으로 다수의 선원이 앓았던 괴혈병 치료를 위한 수단이기도 했지만, 궁극적으로는 독한 술을 먹고 선상에서 말썽 일으키는 것을 방지하기 위함이었습니다. 그로그는 럼주와 물을 1대4 비율로 섞은 후 라임과 흑색 설탕으로 풍미를 더한 일종의 칵테일입니다. 모든 술이 그렇듯 그로그도 과하면 취하게 되는데, 격투기에서 정신 잃고 쓰러질 것 같은 상태인 '그로기'가 여기서 유래한 것입니다.

문제는 높은 도수의 독주에 익숙해진 선원들에게 물 탄 술이 인기가 없었다는 것입니다. 결국 그로그는 그로그대로 마시고, 매일 할당되는 럼은 따로 아꼈다가 한꺼번에 마시는 '독주' 생활을 이어갔다고 합니다. 한편에선 일부 중간 도매상들이 럼주에 물을 타서 양을 늘리기 시작했습니다. 선원들 입장에서 술에 장난치는 이런 행위가 용서가 안 됐겠죠. 귀한 럼주가 진짠지 가짠지 확인이 절차가 필요했습니다. 이를 위해 고안된 것이 화약을 이용한 방법입니다.

해군 함정에는 늘 화약이 갖춰져 있습니다. 간혹 술에 취해 화약고 인근에서 술 마시다 럼에 불이 붙는 위기 상황도 겪었을 겁니다. 선원들은

위스키 도수는 일반적으로 ABV나 알코올 용량으로 표기돼 있다. 도수를 표현하는 또 다른 단위인 프루프.

여기서 아이디어를 얻습니다. 화약이 점화되는 최소한의 알코올 농도를 100프루프(당시 57.1도)로 간주하고 술에 불을 붙여보는 것입니다. 방법은 간단합니다. 먼저 럼주에 화약 알갱이를 넣고 불을 붙여, 불이 붙으면 멀쩡한 술이라는 증거Proof이고, 안 붙으면 언더프루프Underproof, 즉 물을 탔다는 방증이 됩니다. 여기서 아예 '펑' 하고 터지면 오버프루프Overproof에 해당하는데 이는 현장을 지켜보는 이들에게 매우 만족스러운 결과였을 겁니다.

위스키 라벨에 쓰여 있는 '프루프'라는 것은, 선원들의 의심에서 시작돼 '알코올 도수를 보증한다.'는 의미에서 유래한 용어입니다. 위스키 도수는 일반적으로 부피에 따른 알코올 도수를 뜻하는 ABVAlcohol by Volume나 알코올 용량으로 표기돼 있는데, 프루프는 도수를 표현하는 또 다른 단위이자 옛 전통의 흔적인 셈입니다.

16세기 영국에서 주세 징수 목적으로 알코올 도수에 따라 세금을 부과했는데 '타거나 안 타거나'를 기준 삼았습니다. 불이 붙는 정도에 따라 등급을 나누고 그에 맞는 비율로 세금을 부과한 것이지요. 하지만 화약에 불을 붙이는 행위는 상당히 위험한 방법이며 누가 봐도 썩 과학적인 느낌은 안 났을 겁니다. 또 알코올은 주변 환경이나 온도에 민감하게 반응하기 때문에 정확도도 떨어질 수밖에 없었겠지요. 실제로 200프루프의 순수 알코올은 공기 중에 노출되는 순간, 대기 중의 수분을 흡수해 자체적으로 약 194프루프까지 희석되기 때문입니다. 이 때문에 화약을 사용해 도수를 측정하는 방법은 1816년부터 비중 기반 계산 방식으로 바뀌게 됩니다. 이때 발명된 비중계로 100프루프를 환산한 알코올 농도가 57.1도였습니다. 하지만 복잡한 계산법 때문에 국제적인 미터법이 제정되고 퍼센트 단위의 알코올 농도 표시법이 일반화되었습니다.

미국에서는 처음부터 프루프를 ABV의 두 배로 정했습니다. 예를 들어 ABV가 50퍼센트인 위스키는 100프루프를 의미합니다. 즉, 프루프를 반으로 나누면 알코올 도수인 셈입니다. 현재는 정상적인 백분율 도수를 사용하지만, 간혹 프루프를 표기하기도 합니다.

많은 분들이 위스키 라벨을 확인할 때 숙성 연도 다음으로 보는 게 알코올 도수일 겁니다. 설명이 장황했지만, 프루프를 반으로 나누면 알코올 도수가 된다는 점만 기억하면 됩니다. 각종 독주 라벨에 100프루프라고 적혀 있다고 알코올 도수가 100도가 아닙니다. 딱 그 절반입니다.

# 지구 최강 피트 위스키,
# '옥토모어'

"최종 목적지는 알 수 없다. 우리는 그 누구도 가보지 못한 길을 갈 것이고 세계관을 넓히기 위해 끊임없이 노력할 것이다. 우리가 안 하면 그 누구도 하지 못할 것이다."

스타십 엔터프라이즈호의 커크 선장이 외계 행성 탐험을 앞두고 했을 법한 이야기입니다. 하지만 이는 스코틀랜드 아일라섬, 브룩라디Bruichladdich 증류소의 마스터 디스틸러 짐 매큐언Jim McEwan이 한 말입니다. 그는 왜 이런 말을 했을까요?

아일라섬의 브룩라디 증류소.

## 자국 보리만을 사용하는 브룩라디 증류소

　1881년에 설립된 브룩라디 증류소는 당시 아일라섬에서 가장 최신 설비를 갖춘 증류소였습니다. 아일라섬 주민 대부분은 농업과 위스키 산업에 종사하는데, 브룩라디는 농민들의 보리 사업을 장려하기 위해 스코틀랜드와 아일라섬 내 지역 보리만을 쓰는 것으로 유명합니다. 또 증류부터 숙성, 병입까지 모든 과정이 아일라섬 내에서 이루어집니다. 브룩라디 제품 중에 수통처럼 생긴 하늘색 위스키 병을 본 적이 있을 겁니다. 아일라섬 증류소에서 피트 처리를 하지 않은 자국 내 보리로만 만든 '더 클래식

라디The Classic Laddie'라는 제품입니다. 병 색깔은 화창한 아일라섬의 바다를 표현했다고 합니다. 브룩라디는 '해안가의 언덕'이란 뜻으로 와인처럼 테루아를 강조하는 증류소입니다. 테루아는 원래 토양을 의미하는 프랑스어지만 포도가 자라는 토양이나 자연조건을 일컫는 말로 쓰이기도 합니다. 그런데 이러한 '청정' 논 피트 증류소에 짐 매큐언이라는 인물이 나타나면서 전 세계에서 가장 강력한 피트 위스키가 탄생합니다.

피트 위스키를 탐닉하다 보면 점점 더 강한 피트를 찾게 됩니다. 그 여정의 끝은 아일라섬에 있습니다. '불타는 병원' 맛이 특징인 라프로익과 캠프파이어에서 타다 남은 재맛의 라가불린을 떠올렸다면 얼추 방향성은 맞습니다. 그런데 피트라고 다 똑같은 피트가 아닙니다. 밀폐된 화생방실에서 연막탄이 터지는 듯한 강한 향과 피트 분자들이 하나하나 입안에서 폭발하는 퍼포먼스를 내는 싱글 몰트위스키가 있습니다. 그 이름이 바로 옥토모어Octomore입니다.

집 나간 며느리도 돌아오게 한다는 가을 전어를 예로 들어보겠습니다. 뼈째 회로 먹어도 좋고 연탄불에 구워 먹는 맛 또한 일품입니다. 고소함이 뭔지 온몸으로 보여주는 생선입니다. 옥토모어도 그렇습니다. 피트만 보면 손사래를 쳤던 사람들도 옥토모어 앞에서는 첨잔을 요구합니다. 간혹 누군가의 선약도 갑자기 사라지는 마법을 경험하게 될지도 모르겠습니다. 강렬한 맛처럼 병 모양도 독특하게 생겨서 어디를 가나 단번에 알아볼 수 있는 매력을 가진 위스키입니다. 위스키 마니아인 배우 이청아는 옥토모어를 최애 위스키로 꼽습니다.

매년 한정판으로 출시되는 옥토모어 제품들을 살펴보면 병에 고유의 숫자들이 포함돼 있다. 첫 자리는
시리즈 번호이고, 소수점 뒤에 붙는 숫자는 오크통의 특성을 나타낸다.

## 전 세계에서 가장 높은 페놀 수치를 가진 위스키

옥토모어가 세상에 이름을 알리게 된 계기는 300피피엠에 육박하는 페
놀 수치 때문입니다. 페놀 수치란, 백만분의 일에 함유된 피트의 양을 말
하는데, 보통 페놀값이 높을수록 피트의 풍미가 강해집니다. 피트 위스키

로 잘 알려진 라프로익이나 라가불린의 페놀 수치가 40피피엠인 것을 감안하면, 옥토모어가 얼마나 '폭력적인' 수치를 가졌는지 가늠할 수 있을 것입니다. 하지만 페놀값 수치는 완성된 위스키에서 재는 것이 아니라, 피트로 건조를 마친 맥아의 수치를 측정한 것이기 때문에 눈에 보이는 수치가 절댓값은 아닙니다.

예를 들어 라프로익에서 40피피엠으로 위스키를 만들었다는 것은 40피피엠으로 처리된 피트 몰트를 썼다는 것이지 최종 페놀값이 40피피엠이 아닙니다. 페놀 수치는 제조 과정에서 조금씩 바뀝니다. 특히 피트 위스키는 숙성 기간이 길어질수록 페놀 수치가 낮아지고 피트의 성격도 온순해집니다. 고숙성 피트 위스키에서 피트가 약하게 느껴질 수밖에 없는 이유입니다. 즉 300피피엠을 가진 옥토모어가 40피피엠을 가진 라프로익보다 피트 맛이 일곱 배 이상 강하게 느껴질 수 없는 것입니다. 물론 기분은 그럴 수 있지만 물리적으로는 불가능합니다.

피트 위스키는 숙성이 짧을수록 피트의 캐릭터가 잘 나타납니다. 옥토모어의 경우 숙성 기간을 5년으로 짧게 잡습니다. 그만큼 피트의 캐릭터가 강하게 느껴지고 스피릿의 고소함도 기분 좋게 다가옵니다. 라벨에 캐스크 스트렝스라는 별도의 표기는 없지만, 알코올 도수가 대부분 50도 후반에 맞춰서 출시됩니다. 옥토모어가 물을 너무 많이 타서 밍밍하다는 이야기는 그 어디서도 들어본 적이 없습니다.

옥토모어의 첫 증류는 2002년 9월에 이루어졌고, 버번 오크통에서 숙성 후 2008년에 정식으로 출시됐습니다. 이듬해 출시된 옥토모어 오르페우스Octomore Orpheus는 보르도에서 공급한 프랑스산 유러피언 오크통에서 2차 숙성을 거친 후 병입됐습니다. 옥토모어가 최초로 와인 오크통을 사용하기 시작한 시점입니다. 현재까지도 옥토모어 시리즈 중에 늘 와인 캐스크 제품 하나가 껴 있는 계기가 된 셈입니다. 한편 2012년에는 프랑스의 다국적 음료 그룹인 래미 쿠엥트로Rémy Cointreau에 매각되면서 옥토모어의 가장 고숙성 제품인 오르페우스 10년을 출시하기도 했습니다. 매년 한정판으로 출시되는 옥토모어 제품들을 살펴보면 병에 고유의 숫자들이 포함돼 있습니다. 첫 자리는 시리즈 번호이고, 소수점 뒤에 붙는 숫자는 오크통의 특성을 나타냅니다.

## 옥토모어 병에 표기된 숫자의 의미

옥토모어의 가장 기본이 되는 '.1' 시리즈는 100퍼센트 스코틀랜드 보리를 사용하고 주로 미국산 버번 오크통에 숙성합니다. '.2' 시리즈 역시 100퍼센트 스코틀랜드 보리로 증류하며 최종 숙성 단계에서 와인 오크통을 사용하는 게 특징입니다. 주로 아마로네Amarone나 소테른Sauternes 등을 사용하는 가장 실험적인 제품군입니다. 하지만 가끔 너무 실험적이어서 호불호가 갈리는 제품이기도 합니다. '.3'은 100퍼센트 아일라섬에서 재배한 보리만을 사용하며 주로 버번 오크통과 유러피언 오크통에서 숙성합니다. 늘 가장 비싸고 눈 감고 매수해도 실패가 없는 시리즈로 알려져 있습니다. '.4'는 있을 때도 있고 없을 때도 있지만 주로 새 버진 오크통을 사용하는 편입니다.

이쯤 되면 대체 옥토모어에서 어떤 맛이 나는지 분명 궁금해질 겁니다. 60도에 육박하는 높은 알코올 도수와 100피피엠부터 시작되는 폭력적인 페놀 수치는 솔직히 조금 두렵습니다. 스펙만 보고 지레 겁먹는 분들도 있겠지요. 하지만 막상 잔에 코를 대면 향이 생각보다 순하고 곱상합니다. 저숙성 위스키에서 나타나는 특유의 코를 찌르는 알코올 향이 아닌 맡을수록 고소한 보리 향에 놀랄지도 모르겠습니다. 시리즈마다 차이가 있지만 기분 좋게 훈연한 고기 향, 요오드와 과실 향 등이 복합적으로 편안하게 코를 감싸는 느낌입니다. 위스키를 한 모금 물면 저숙성 위스키라고 믿을 수 없을 만큼 다양하고 복합적인 구조감이 느껴져 입안이 매우 즐겁습니다. 저숙성 위스키에 대한 모든 선입견이 깨질 것입니다.

정말 맛있는데 아무에게나 추천할만한 위스키는 아닙니다. 그만큼 개성이 강하고 자기 주관이 뚜렷한 제품입니다. 하지만 피트 위스키에 관심이 있고, 높은 도수의 위스키를 즐긴다면 반드시 경험해봐야 할 관문입니다. 옥토모어를 안 마셔본 사람은 있어도 한 번만 마셔본 사람은 없을 것입니다. 보틀 구매가 부담스럽다면 가까운 몰트 바에서 하프 정도만 경험해보면 어떨까요?

# 위스키계의 '민트 초코', 라이 위스키

•——◆——•

간식으로 호밀을 잔뜩 먹은 돼지 한 마리가 혼수상태에 빠져 있습니다. 돼지의 이름은 모티머Mortimer. 잠잘 때 코 고는 소리가 유난히 크고 휘파람 소리 같았던 모티머에게 농장주는 '휘슬피그WhistlePig'라는 별명을 지어 줍니다. 농장 터줏대감으로 자리 잡은 모티머는 이 구역의 '감독관'이자 마스코트입니다.

휘슬피그는 2007년 미국 버몬트주에 설립된 라이 위스키 증류소입니다. 위스키 제작에 쓰는 주원료가 보리가 아닌 호밀인 것이죠. 150년 넘는 낙농장을 증류소로 개조한 휘슬피그는 61만 평 규모의 호밀밭과 다양한 실험 작물로 둘러싸여 있습니다. 초창기에는 캐나다 앨버타와 인디애나 MGPMidwest Grain Products에서 증류한 라이 원액을 구매해, 여러 오크통에 숙성하면서 세상에 이름을 알렸습니다. 스카치로 치면 '피니싱 기법'으로 하나의 오크통이 아닌 여러 오크통에서 추가 숙성을 통해 복합적인 맛을 위스키에 입히는 작업

낮잠을 자고 있는 휘슬피그 증류소의 돼지. ⓒWhistlePig

입니다. 고든 앤 맥페일 같은 독립 병입 업자들이 위스키를 판매해온 방식과도 유사한 셈이죠. 휘슬피그는 2015년부터 버몬트 지역에서 재배한 곡물로 직접 증류를 시작했습니다.

지금은 옥수수로 만든 버번이 미국 위스키 시장을 장악하고 있지만, 18세기에는 라이 위스키가 미국을 대표하는 위스키였습니다. 당시 신대륙으로 이주한 스코틀랜드, 아일랜드, 독일 이민자들이 정착하며 이를 전파했던 것이지요.


## 이민자들의 라이 위스키


이민자들이 처음으로 뿌리를 내린 곳은 미국 동부의 뉴욕, 펜실베이니아, 메릴랜드 지역이었습니다. 미국의 동부는 여름은 덥고 겨울은 몹시 춥습니다. 추위에 민감한 보리를 키우기에는 혹독한 환경이죠. 반면 호밀

61만 평 규모의 호밀밭과 다양한 실험 작물로 둘러싸여 있는 휘슬피그 증류소. ©WhistlePig

은 추위에 강하고 건조한 땅에서도 잘 자랍니다. 동부 지역에서 호밀 위스키가 발달할 수 있었던 이유입니다.

유럽에서 호밀은 가난한 자들의 주식主食이었습니다. 이주민 대부분은 가난했지만, 호밀 다루는 법만큼은 익숙했습니다. 일찍이 증류 기술을 터득한 이민자들은 이곳에서 빵과 위스키를 만들기 위해 호밀을 재배했습니다. 미국 건국의 아버지라 불리는 조지 워싱턴 대통령도 1797년 마운트 버넌에 라이 위스키 증류소를 지었으니, 그야말로 라이 전성시대였습니다. 하지만 19세기 말 서부 개척 시대와 함께 옥수수가 미국의 주요 작물로 자리 잡은 이후 판도가 바뀌었습니다. 라이 위스키는 급속도로 쇠퇴의 길을 걸었고 금주법 이후 결국 버번에 '왕좌의 자리'를 넘겨줘야 했습니다. 다소 거칠고 톡 쏘는 느낌의 라이 위스키보다 상대적으로 부드럽고

미국 버몬트주 휘슬피그 증류소 인근 호밀밭. ⓒWhistlePig

달콤한 버번이 미국인들의 입맛을 사로잡았던 것이죠.

　금주법 기간에 위스키 업자들이 할 수 있는 일은 제한적이었습니다. 목숨 걸고 밀주를 만들던지, 의료용 위스키 제조 허가를 받아야 했습니다. 일을 그만두는 것도 선택 사항에 있었겠지만 한평생 해오던 일을 접는 게 쉽지만은 않았을 것입니다. 결국 차선책은 국경을 마주하고 있는 캐나다로 넘어가 위스키 생산을 이어가는 것이었습니다. 오늘날 캐나다의 라이 위스키를 키운 것은 금주법 기간에 캐나다로 이주한 증류업자들의 역할이 8할이라고 봐도 과언이 아닐 것입니다. 휘슬피그가 금주법 이전 '위스키의 원조'를 표방하며 캐나다로부터 라이 원액을 구매해 사용했던 핵심적인 이유입니다.

## 라이 위스키의 정의

미국에서 라이 위스키라는 명칭을 얻기 위해서는 몇 가지 규정들을 지켜야 합니다. 우선 호밀 함량이 51퍼센트를 넘어야 하고 반드시 내부를 불로 태운 새 오크통을 사용해야 합니다. 증류액은 알코올 도수 80도 이하. 오크통에서 숙성할 원액은 62.5도를 넘지 않아야 하며 최종 병입 도수는 40도를 넘겨야 합니다. 최소 숙성 기간은 2년으로 그 어떤 색소나 첨가물을 넣을 수 없습니다. 이 모든 과정이 미국 내에서 이루어져야 비로소 라이 위스키라는 표현을 쓸 수 있습니다. 옥수수 대신 호밀을 사용한다는 점을 제외하면 버번과 동일한 조건입니다. 휘슬피그는 캐나다산 원액을 사용했기 때문에 병의 원산지 표시란에 미국이 아닌 캐나다라고 쓰여 있습니다.

국내에서 접근성과 가성비를 다 잡은 제품은 휘슬피그 10년입니다. 출시 직후 여러 국제 대회에서 인정받은 휘슬피그 10년은 샌프란시스코 세계 증류주 대회San Francisco World Spirits Competition에서 금메달을 수상하며 맛을 증명했습니다. 호밀 함량 97퍼센트에 알코올 도수 50도. 코를 잔에 대면 시골 건초 냄새와 홍차 계열의 향이 기분 좋게 다가옵니다. 화사한 과일 향과 스피어민트 같은 느낌을 주기도 합니다. 위스키를 한 모금 물면, 향에서 느껴졌던 달콤함은 옅어지고 구수한 호밀빵과 설익은 바나나 같은 맛이 느껴집니다. 알코올 도수에 비해 부드러운 타격감과 입안에 쫀득쫀득하게 붙는 듯한 감칠맛이 재미있습니다. 거친 라이 특유의 풀 냄새나 검은 후추 느낌은 약한 편입니다.

샌프란시스코 세계 증류주 대회에서 금메달을 수상한 휘슬피그 10년. ⓒWhistlePig

　순도 높은 라이를 고집하며 다양한 실험을 하는 휘슬피그 증류소. 이들은 비증류생산자None-Distiller Producer로 시작해 이제는 자체적으로 곡물을 재배하고 증류하는 과정까지 확장해나가고 있습니다. 메이커스마크를 이끌었던 초창기 휘슬피그의 마스터 디스틸러인 데이브 피커렐은 이런 말을 했습니다. "실수해도 괜찮다. 우리 업계에서 실수는 스스로 마셔버리면 그만이다." 맛없게 타진 '소맥'을 스스로 해결하는 필자의 모습이 떠오르기도 했습니다. 스카치나 버번에서 싫증을 느꼈다면 금주법 이전에 미국을 대표했던 위스키 맛을 경험해보는 것은 어떨지. 위스키계의 '민트 초코', 라이의 세계로 초대합니다.

# 고숙성 버번은 맛있을까?
## '메이커스마크 셀러 에이지드'

◆━━━◆

　술병 입구부터 어깨선까지 흘러내린 빨간 왁스. 첫 대면에 왁스를 어떻게 벗겨야 할지 당혹스럽습니다. 왁스 부분을 머리끄덩이 쥐어 잡듯이 당겨가며 차력 쇼를 펼치는 사람. 왁스를 녹이겠다며 불과 도구를 사용하는 모습까지. 하지만 병 입구를 자세히 살펴보면 살짝 튀어나온 부분이 있습니다. 그것만 슬슬 당겨주면 봉인은 자연스럽게 해제됩니다. 입문용 버번위스키를 말할 때 흔히 언급되는 미국 켄터키주의 '메이커스마크' 이야기입니다.

　태생이 미국인 버번위스키는 주원료가 옥수수입니다. 스카치위스키 못지않게 규정도 꽤 엄격합니다. 옥수수 함량이 최소 51퍼센트 이상 들어간 증류액을 62.5도 이하로, 오크통 내부를 불로 그을린 새 오크통에 담아

숙성해야 합니다. 증류 시 알코
올 도수는 80도를 넘지 않고 물
이외에 그 어떤 색소나 첨가물
도 넣을 수 없으며 최종 병입 시
알코올 도수가 40도를 넘어야
합니다. 무엇보다 어려운 것은
버번 애호가들이 설정한 '엄격한
기준'을 통과하는 것입니다. 정

메이커스마크의 상징, 붉은 왁스.

말 화끈하게 도수가 높거나, 숙성감에서 오는 복합적인 맛과 매끄러움을
가졌거나.


## 붉은 왁스 장식의 핸드 메이드 증류소

메이커스마크의 역사는 1953년 스코틀랜드계 이민자인 새뮤얼스 가문
의 6대손인 빌과 그의 아내 마지 새뮤얼스로부터 시작됩니다. 선대들이
금주법 이후 매각한 증류소를 매입하며 모든 것을 바꾸겠다고 다짐한 빌
은 170년 동안 전해져 내려온 레시피를 불로 태워버립니다. 새로운 역사
의 장이 열린 것이죠. 빌의 목표는 뚜렷했습니다. 다채로우면서 크리미한
맛의 부드러운 버번을 만드는 것.

버번위스키를 만들 때 사용하는 곡물 배합 비율을 매시빌Mash Bill이라고
합니다. 수많은 시행착오 끝에 탄생한 메이커스마크의 매시빌은 다음과

메이커스마크 직원이 왁스로 일일이 병 입구를 봉인하고 있는 모습. ⓒ게티이미지코리아

같습니다. 옥수수 70퍼센트, 겨울 밀 16퍼센트, 맥아 보리 14퍼센트. 이제는 가격이 천정부지로 오른 '패피 반 윙클'이나 '웰러'와 함께 밀을 사용하는 켄터키의 흔치 않은 증류소 중 하나입니다. 일반 호밀은 버번의 알싸하고 매운맛을 담당한다면 밀은 부드러움, 빵과 같은 고소함을 표현합니다. 부드러움을 강조하는 새뮤얼스 가문에 밀은 필수품이었던 것이죠.

메이커스마크는 철저하게 수작업을 추구합니다. 위스키 제조부터 병 입구를 봉인하는 단계까지 사람 손이 안 가는 곳이 없을 정도죠. 메이커스마크의 상징인 '레드 왁스 디핑'도 일일이 사람 손을 거칩니다. 심지어 라벨 부착 작업까지도.

## 메이커스마크의 첫 고숙성 버번

매번 균일한 품질을 고집하며 보수적인 입장을 취하던 메이커스마크가 재미있는 실험을 했습니다. 6~7년 숙성된 제품만 뽑아내던 증류소가 처음으로 약 12년 숙성의 버번을 출시한 것입니다. 버번 증류소의 숙성고를 '릭하우스'라고 부릅니다. 보통 6~7층 높이의 릭하우스는 층고가 높고 벽면이 얇아 외부 환경의 영향을 많이 받습니다. 즉, 상층부에 가까울수록 직사광선에 의해 숙성이 빨라지고 층수가 낮을수록 숙성 속도가 느려집니다. 한편, 메이커스마크는 '배럴 로테이션'을 통해 상층부와 하층부의 오크통 위치를 주기적으로 바꿔가며 균일한 맛을 유지하고 있습니다. 보통 일반 증류소는 로테이션 없이 상층부와 아래층의 위스키를 섞는 방법을 선택합니다.

숙성 연수가 높은 버번은 만들기가 까다롭습니다. 미국 켄터키 지역의 연교차와 습도 때문입니다. 켄터키의 습한 대륙성 기후는 겨울철 영하 2도, 여름에는 31도를 오갑니다. 평균 5년 정도 숙성된 버번의 증발량은 30~40퍼센트. 연간 3~5퍼센트가 '천사의 몫'으로 날아가는 셈입니다. 숙성 연수가 길어질수록 담아낼 수 있는 술의 양도 적어지겠죠. 심지어 과숙성 때문에 쓰디쓴 '오크물'로 변할 확률도 높아집니다. 버번위스키의 평균 숙성 연수가 4~10년 사이를 오가는 게 우연은 아니지요.

2016년, 메이커스마크는 고숙성에 대한 갈증을 독특한 방식으로 풀어냅니다. 전 세계 최초로 증류소 내에 석회암 저장고를 건설한 것이죠. 저장고는 켄터키 지방의 뜨거운 태양열을 차단하고 사계절 내내 10도 정도

11년과 12년 숙성된 원액을 섞은
메이커스마크 셀러 에이지드.

　의 일정한 온도를 유지합니다. 극단적인 온도 차 없이, 오크통이 잔잔하
게 무르익을 수 있는 환경을 조성해준 셈이죠. 메이커스마크는 숙성 연수
를 늘리기 위해 기존 6년가량 숙성된 원액을 석회암 지하 저장고로 옮겨
5~6년간 추가 숙성했습니다. 그렇게 탄생한 제품이 11년과 12년 숙성된
원액을 섞은 '셀러 에이지드'입니다.

　미국 내 반응은 뜨거웠습니다. 출시와 동시에 시가로 변한 셀러 에이지
드는 출시가 150달러의 두 배 이상 웃도는 가격에 거래됐습니다. 첫 고숙
성이라는 희소성은 수집가들의 소유욕을 자극했고 맛도 근래 출시된 메
이커스마크 중 최고라는 평가를 받았습니다. 그래서 마셔봤습니다.

## 타격감과 숙성감을 동시에 잡을 수 있을까?

약 12년 숙성된 버번의 알코올 도수는 57.85도. 잔에 코를 대는 순간 주황빛 멀티비타민 주스와 함께 새콤한 체리 향이 코끝을 스칩니다. 시간이 지날수록 꿀 같은 바닐라의 달콤함도 뚜렷해지는 느낌입니다. 위스키를 입술 사이로 흘려보내면 미끈한 질감의 블랙베리를 다크 초콜릿과 짓이긴 듯한 맛이 납니다. 이후 입안 군데군데 계피와 꿀을 바른 듯한 여운이 이어집니다. 우려했던 오크의 쓴맛은 강하지 않았습니다.

우스갯소리로 '버번의 전투력은 도수에서 온다'라는 말이 있습니다. 시장에서 눈길이라도 받고 싶다면 알코올 도수가 최소 60도에 육박해야 할 것입니다. 물로 잔뜩 희석된 어중간한 바닐라와 아세톤 맛에 지배당한 버번처럼 안타까운 게 없습니다. 짱짱한 도수에서 오는 꽉 찬 풍미와 타격감은 버번의 생명줄과 같습니다. 어쩌면 메이커스마크가 처음으로 그 조건을 어느 정도 만족시킨 듯한 모습입니다. 운이 좋다면 일본 주류점에서 약 16,000엔에 구매할 수 있습니다. 참고로 셀러 에이지드 가격은 일본이 가장 저렴합니다. 앞으로도 매년 출시될 예정이니, 먼저 잔술로 맛본 후 입맛에 맞다면 보틀 구매를 고려하는 게 좋을 듯합니다.

# 레이첼 배리

## 스카치계의 '퍼스트레이디'

서울 시내 한 호텔에서 만난 마스터 블렌더 레이첼 배리.

화학을 전공한 레이첼 배리는 2003년 마스터 블렌더라는 타이틀을 얻고 2018년에는 에든버러대학교에서 명예박사 학위를 받은 여성 최초의 마스터 블렌더입니다. 같은 해 위스키 명예의 전당까지 입성한 레이첼은 글렌모렌지, 아드벡, 보모어 등 이름만 들어도 굵직한 증류소에서 엘리트 코스를 밟아왔습니다.

레이첼은 2017년부터 '브라운포맨' 산하에 있는 글렌드로낙, 벤리악, 글렌글라사 증류소의 사령탑 자리를 굳게 지키며 위스키에 대한 남다른 애정을 쏟아붓고 있습니다. 연간 4,000통 이상, 33년 동안 17만 개 이상의 오크통을 다루고 샘플링한 레이첼의 열정은 여전히 멈출 줄을 몰랐습니다.

**한국 방문은 올해만 두 번째인 것으로 알고 있어요. 이번 방한의 목적이 궁금합니다.**

실은 벌써 세 번째예요. 브라운포맨으로 이직한 직후, 사업차 잠깐 들렀었죠. 최근 5년 동안 위스키에 대한 사람들의 관심과 열정이 눈에 띄게 커졌어요. 이번에는 글렌드로낙의 새로운 미래에 대해 공유하고 알리기 위해 왔습니다.

**여성이 흔치 않던 시절에 위스키 업계에 진입했어요. 어떻게 시작하게 되었는지.**

저는 글렌드로낙 증류소 인근에서 태어나고 자랐어요. 아버지도 위스키 애호가였어요. 집에서 위스키는 일상이었고 저도 자연스럽게 스며들었습니다. 대학교 때는 여러 증류소의 미니어처 병을 사서 마셔보곤 했어요. 사실 이때부터 이미 위스키를 좋아했던 것 같아요. 저는 싱글 몰트의 다양성이 흥미로웠고 좀 더 깊이 알고 싶었어요.

때마침 스카치위스키 연구소에서 사람을 구한다는 공고문을 발견했어요. 심지어 채용 마지막 날이었어요. 그때 직관적으로 느꼈죠. 평소 즐겼던 취미와 대학교 때 전공했던 화학이 비로소 합쳐져 빛을 발할 때라는 것을.

## 레이첼에게 위스키란?

위스키는 제 인생과도 같아요. 제 인생의 대부분을 차지하고 있죠. 저는 대략 17만 개의 오크통을 다루고 샘플링 작업을 했어요. 저는 위스키로부터 인생을 배웠고 위스키도 저를 통해 배운 게 있으리라 믿어요.

저에게 위스키는 전 세계 사람들을 연결해주는 연결고리와도 같아요. 위스키라는 매개체가 국가 간의 문화적 차이나 벽을 허물고 하나로 연결해주는 셈이죠. 여러 문화권에 있는 사람들을 만나고 이해하는 것 또한 제 삶의 일부입니다.

## 마스터 블렌더의 역할은 무엇인가요?

일단 뛰어난 후각을 가져야 해요. 물론 후천적으로 발전시킬 수도 있지만 타고난 게 크다고 생각해요. 끊임없는 호기심과 배우려는 마음가짐. 또 위스키의 풍미, 음식의 다양한 맛들을 충분히 이해하는 능력도 매우 중요해요. 위스키 포트폴리오를 만들 줄 아는 기획 능력. 다양한 사람과의 소통과 협업. 마스터 블렌더라면 분석적이고 사교적이야 일이 잘 풀린다고 생각해요.

## 글렌모렌지, 아드벡, 보모어 등 여러 굵직한 증류소에서 시간을 보내셨어요. 브라운포맨으로 이직을 결심하신 이유가 있을까요?

브라운포맨에서 먼저 제안을 해왔습니다. 저에게는 거절할 수 없는 제안이었고요. 저는 스코틀랜드 전역을 누비며 다양한 증류소에서 일을 해왔습니다. 아일라섬도 예외는 아니지요. 글렌드로낙, 벤리악, 글렌글라사가 있는 곳은 제 고향이나 다름없어요. 글렌드로낙을 제일 좋아하는 아버지와 가족들이 사는 곳이기도 하고요. 제가 나고 자란 곳에서 일할 기회가 찾아온 셈이죠.

저는 글렌글라사 인근에 있는 샌덴드 해변에서 아버지로부터 서핑을 배웠고, 벤리악 상공에서 비행기를 타고 활강하는 법을 알게 됐습니다. 글렌드로낙은 제가 지금 사는 집에서 가장 가깝고요. 제 인생의 뿌리와 같은 곳들입니다.

**스페이사이드, 아일라, 로우랜드 등 지역별 증류소가 가진 오크통이나 스피릿의 특징이 전부 달랐을 거 같아요. 갑자기 낯선 증류소 세 곳을 담당하게 됐는데, 적응하는 데 어려움은 없었는지.**

숫자 3은 완벽한 숫자예요. 3이라는 숫자는 저에게 충분한 '깊이와 호흡Breath and Depth'을 제공합니다. 성격이 다른 세 개 증류소는 상호 보완 작용을 하고 있어요. 증류소 간 거리도 대부분 30마일 이내로 매우 가깝습니다. 이는 마치 산과 계곡, 바다를 모두 가진 기분이에요. 누군가는 산과 바다를 보기 위해 먼 여정을 떠나겠지만, 저는 증류소만 돌아도 모든 게 해결되는 셈이죠.

제 내면에 깔린 다양성을 표출할 기회이기도 했어요. 글렌드로낙은 심연의 상상력을 펼칠 수 있는 공간이고, 벤리악은 실험적이고 혁신적인 부분을 담당하는 곳입니다. 글렌글라사는 자연의 영향력을 가장 많이 받는 곳이에요. 광활한 바다와 육지, 자연의 세계로 저를 안내해주는 곳이죠.

**피트에 대한 애정 없이는 아드벡 '우거다일' 같은 제품이 탄생하기 어려웠을 거 같아요. 지금까지 수많은 위스키 애호가들이 즐겨 마시는 위스키 중 하나죠. 만약 피트와 셰리 둘 중 한 가지만 선택해야 한다면?**

셰리(웃음). 피트를 사랑하긴 하지만 가끔 '날 서 있는 성격'이 부담스러울 때가 있어요. 저는 피트 그 이상의 것을 만들고 싶어요. 제가 가장 좋아하는 세리는 페드로 히메네스예요. 셰리의 왕으로 불리기도 하죠. 페드로 히메네스만이 갖는 다채로운 풍미와 질감, 밸런스, 달콤함은 대체하기가 어려워요. 특히 글렌드로낙 증류소와 궁합이 잘 맞는다고 생각해요. 현재 위스키 업계에서 제가 가장 많은 페드로 히메네스 셰리 오크통을 구매하는 이유기도 하고요.

## 위스키 만드는 비법

**총 세 개 증류소의 사령관 역할을 하고 있습니다. 한 가지에만 집중해도 어려운 게 마스터 블렌더 자리로 알고 있어요. 모든 제품에 일관성 있는 품질을 유지할 수 있는 비결이 있나요?**

물론 모든 것을 혼자 할 수는 없어요. 증류소마다 숙련되고 잘 훈련된 팀이 있어요. 저를 포함해 모두가 증류된 원액의 마지막 한 방울까지 특징을 파악하고 있습니다. 저희는 스피릿의 태초부터 오크통에 들어가기 전까지 모든 일련의 과정을 기록하고 관찰하고 있습니다.

현재 매년 3천~4천 개의 오크통을 샘플링하고 있어요. 끊임없는 분석과 관심, 숙성 과정에서 변하는 풍미, 위스키의 색까지도 추적하고 기록하고 있습니다. 저희는 '황금 기준'을 크게 설정합니다. 저는 물론이고 팀 모두의 승인이 있어야만 위스키가 병에 담긴다고 보면 됩니다.

가끔 오크통의 특징이나 자연적인 변수에 의해 예상했던 결괏값이 안 나오기도 합니다. 저희는 이러한 변수까지도 인지하고 기록하고 또 제어하고 있습니다. 이는 현재뿐만 아니라 다음 세대를 위해서도 매우 중요한 자료고 유산이 될 것입니다.

**화학자 출신으로서 가장 재밌었던 실험. 스피릿을 오크통이 아닌 다른 무언가에 숙성시켰다든지, 스스로 이건 좀 선을 넘었다 싶은 순간들은 없었나요?**

모든 위스키는 스카치위스키 협회의 기준에 부합하게 만들어집니다. 그래야만 스카치로서 인정받을 수가 있어요. 규정들이 생기기 전에는 다양한 나무를 활용해서 여러 가지 실험을 해본 적이 있어요. 하지만 금세 오크Oak(참나무)만 한 게 없다는 사실을 깨달았습니다. 오크 특유의 다양하고 복합적인 맛을 대체할 수 있는 나무가 없었던 것이죠. 간혹 몇몇 증류소들이 색다른 시도를 하려는 게 보입니다. 그들도 조만간 오크통만한 결괏값을 낼 수 있는 게 없다는 것을 알게 될 것입니다. 물론 세상에는 늘 변수가 존재하고 놀라운 결과물로 이어지기도 합니다.

2020년 말부터 벤리악 증류소의 새로운 포트폴리오에 대해 고민해왔어요. 마르셀라, 버진, 포트, 버번, 셰리 오크 등 전부 훌륭하지만, 벤리악에서는 각각의 특징들이 섞였을 때 비로소 진가를 발휘한다고 생각해요. 복합적인 레이어가 잘 입혀지는 게 벤리악 스피릿의 특징이기도 하고요. 하지만 토카이 오크통의 경우 너무 1차원적인 맛 때문에 복합 미를 끌어내는 데 한계가 있었어요. 현재는 몽골에서 유래한 참나무 종류인 신갈나무, 미즈나라, 콜롬비아, 그리스 오크 등으로 다양한 실험을 하고 있어요. 아직은 실험 단계라 재미있는 결과가 있기를 바라고 있습니다.

**언제나 분석적이고 과학적으로 위스키에 접근하시는 것으로 알고 있어요. 위스키를 만들 때 어디까지가 과학이고 어디서부터 우연의 영역인지.**

과학은 목표를 향해 빠르게 갈 수 있는 지름길 역할을 한다고 생각해요. 물론 여러 시행착오 끝에 뜻밖의 유레카 순간이 있을지도 모르겠습니다. 다만 그 이전에 과학적 토대와 아이디어가 있어야만 결과물이 나올 수 있습니다. 증류를 위해서는 과학을 이해해야 합니다. 오크통 숙성도 과학의 영역입니다. 여러 과학적인 실험을 통해 경험치가 쌓이는 동시에 수많은 데이터베이스가 축적됩니다. 위스키의 풍미, 오크통의 변화, 사람들이 위스키를 수용하는 방식까지도요. 과학은 시행착오를 줄여주고 원하는 결괏값에 빠르게 도착할 수 있는 통로를 열어줄 것입니다. 위스키 생산 과정에서 과학은 떼려야 뗄 수 없는 관계에 있습니다.

**마스터 디스틸러라면 최소 3년 길게는 30년 후를 예측해야 합니다. 위스키를 만들 때 어디에 기준점을 두시는지 궁금합니다. 내 취향을 대중에게 관철하는 쪽인지 아니면 대중의 입맛을 반영하는 것인지.**

저는 미각이 아주 예민한 편이에요. 특히 쓴맛과 황\* 노트에 아주 민감하게 반응합니다. 저희는 위스키를 만들 때 굉장히 엄격한 기준을 설정합니다. 위스키 애호가 중에 '절대 미각'을 가진 사람들도 존재하기 때문이죠. 그들의 입맛까지 고려하려면 맛에 대한 기준을 높게 설정할 수밖에 없습니다. 어중간한 맛으로는 아무것도 할 수 없다는 이야기입니다.

저는 수천 명의 사람들과 테이스팅 노트를 공유하며, 이해하고 또 그들의 감각 능력을 관찰해왔어요. 사람마다 맛을 받아들이는 능력이 다릅니다. 똑같은 맛도 개개인이 살아온 환경이나 경험에 따라 다르게 느낄 수 있죠. 위스키 생산자로서 대중의 취향은 고려 대상에 포함될 수밖에 없습니다. 물론 제 취향대로 위스키를 만들기도 합니다.

샌드엔드 해변을 거닐며 머릿속으로 버번과 만자이나 오크통을 조합한 적이 있어요. 복합적인 열대 과일 맛을 상상하면서요. 저는 제가 느낀 기분을 그대로 위스키에 담고 싶었어요. 다른 사람들에게도 제가 해변에서 느낀 감정들을 똑같이 전달하고 싶었던 것이죠. 상상은 현실이 됐고 '샌드엔드'라는 제품이 탄생했어요. 이후 미국의 저명한 매거진 '위스키 어드보케이트Whisky Advocate'에서 2023년 최고의 위스키라는 타이틀을 수상한 데는 오랜 시간이 걸리진 않았던 거 같아요.

**위스키를 조합할 때 머릿속으로 원하는 좋은 맛들을 추가하는 방식인지 혹은 안 좋은 맛, 오프 노트를 최대한 제거하면서 밸런스를 맞춰가는 방식인지?**

제가 이직을 결심할 수 있었던 또 다른 이유로 해석할 수 있겠네요. 저는 세 증류소 모두 그 어떤 오프 노트도 찾을 수 없었어요. 갓 나온 스피릿부터 숙성고에 있는 오크통까지도요.

과거에 셰리에서 발생하는 특유의 황 냄새로 고생을 좀 했어요. 저는 위스키 평론가인 짐 머레이와도 같이 일한 적이 있습니다. 황에 굉장히 민감한 사람이었죠. 아무리 좋은 위스키도 황 노트가 발견되면 점수를 20점씩 깎았던 사람입니다. 저도 품질 관리 면에서 그와 결을 같이 하고 있어요. 황 노트가 위스키에서 나타날 수 있는 약간의 가능성조차 주지 않고 있는 셈이죠.

**오프 노트가 전혀 없다는 게 놀랍습니다. 양질의 오크통을 수급받고 있다는 이야기로 들려요. 그만큼 브라운포맨이 아낌없이 오크통에 투자하고 있다는 것으로 해석해도 될까요?**

저희는 스페인 안달루시아 지역에서 셰리 오크통을 가져오고 있어요. 셰리 위원회의 이야기에 따르면 브라운포맨과 제가 전 세계에서 가장 많은 페드로 히메네스 오크통을 소비하고 있다고 해요. 오크통의 최초 숙성 단계부터 품질이

색소폰 형태의 증류기 모습. 글렌드로낙의 스피릿은 자두나 포도 같은 짙은 과일 맛과 두꺼운 보디감이 특징이다.

보장된다고 보시면 됩니다. 최근 일부 공급업체들의 버번 오크통 수급이 어려워지고 있는 것으로 알고 있어요. 브라운포맨의 적극적인 투자 덕분에 오크통 부족 현상은 걱정할 필요가 없습니다.

## 셰리 명가, 글렌드로낙

**맥캘란, 글렌파클라스, 글렌드로낙. 사람들이 흔히 말하는 셰리 명가들입니다. 글렌드로낙이 다른 셰리 증류소와 차별화되는 점이 뭘까요?**

글렌드로낙은 굉장히 탄탄한 정통 하이랜드 스타일의 위스키입니다. 갓 증류한 스피릿부터 그 성격이 다릅니다. 나무 발효조, 색소폰 형태의 증류기와 과

글렌드로낙 증류소, 스코틀랜드 낙엽송으로 제작된 발효조 모습.

학이 만나 완성된 맛이죠. 자두나 포도 같은 짙은 과일 맛과 두꺼운 보디감이 특징입니다. 워낙 보디감이 두껍고 강해서 자칫 담배 노트까지 느껴질 정도니까요. 거기에 페드로 히메네스 오크통이 더해져 달콤하고 관능적인, 긴 피니시를 가진 제품이 만들어지는 것이죠.

**위스키 애호가들 사이에서는 여전히 1970~1980년대 위스키가 추앙받고 있습니다. 어느 시대 위스키를 재연하는 데 목표를 두고 있는지요.**

1968년 글렌드로낙, 1965년 글렌글라사, 벤리악 1966년. 숙성고에서 아직 잠들어 있는 친구들입니다. 지금까지 1960년대 위스키를 보유하고 있는 것에 대해서는 감사하고 행운이라고 생각합니다. 덕분에 과거와 현재를 비교할 수 있는 확실한 지표가 생긴 셈이죠.

글렌드로낙 제품 중 하이엔드급인 '그랜저' 시리즈 모습.

정통을 고집하는 증류소도 60년대 위스키 제조법을 그대로 유지하고 있다고 말할 수는 없을 겁니다. 제품 비교군도 부족할뿐더러 대부분 여러 가지 조건들이 바뀌었기 때문입니다. 반면 글렌드로낙은 예나 지금이나 바뀐 게 없습니다. 과거 위스키를 재연할 수 있는 비교군도 충분하고요. 덕분에 하이랜드 특유의 두꺼운 보디감과 단단한 위스키 풍미를 유지할 수 있죠.

현재 글렌드로낙 증류소는 확장 공사를 하고 있어요. 기존에 쓰던 워시백이나 증류기 형태 모든 것을 원형대로 유지한 채로요. 꾸준히 미래를 개척해나가는 것도 좋지만 과거의 훌륭한 유산을 잃지 않는 것도 중요하다고 생각합니다.

**증류소를 방문했을 때 다양한 '그랜저' 제품들을 맛볼 기회가 있었어요. 30년에 가까운 오랜 숙성 연수에도 오크 맛이 지배적이지 않고 굉장히 신**

**선하게 느껴졌어요. 어떤 비결이 숨어 있나요?**

스피릿이 너무 약하면 오크통에 의해 '잡아먹히는 현상'이 발생해요. 글렌드로 낙의 스피릿은 단단하고 강한 편이에요. 제아무리 짙은 셰리 오크통과 만나도 밸런스가 무너지지 않을 것입니다. 오랜 숙성 연수에도 신선하고 선명한 풍미가 느껴질 수 있는 이유입니다.

**마스터 블렌더로서 최종 목표가 있다면. 어떤 사람으로 기억되고 싶으신지.**

세계 최고의 위스키를 만드는 것입니다. 아직은 진행형이라고 생각해요. 저는 여전히 과거로부터 배우고 미래를 개선해나가고 있습니다. 사람들이 싱글 몰트에서 기대할 수 있는 맛을 상향 평준화시키고 다양한 경험을 만들어주는 것 또한 제 임무라고 생각합니다. 매번 새로운 예술 작품을 만들어내는 역대 최고의 위스키 메이커로 남고 싶습니다.

Part 4

/

위스키의
영혼을 빚어내는
오크통의 비밀

# '윤 대통령에 선물' 위스키 라프로익,
# 찰스 3세와 특별한 인연

•———•

찰스 3세 영국 국왕이 국빈 방문 중인 윤석열 대통령에게 라프로익 한 병을 선물했습니다. 이 술이 무슨 술인지 기억하시나요? 이 책의 1장, 1화에서 다뤘던 그 술입니다. 맛을 본 분들은 알겠지만, 한번 빠지면 두 번 다시 헤어나올 수 없는 맛이죠. 호불호가 극명하게 갈리는 맛이기도 합니다.

수많은 위스키 중 찰스 3세가 윤 대통령에게 라프로익을 선물한 이유는 뭘까요? 1994년 6월 찰스 3세가 직접 조종했던 경비행기가 아일라섬에 불시착한 적이 있습니다. 아일라섬의 변덕스러운 날씨 탓에 비행기가 활주로를 벗어나 도랑으로 미끄러진 것이지요. 다행히 부상자는 없었습니다. 당시 사고로 발이 묶였던 왕세자는 인근 증류소를 방문하게 되는데,

찰스 3세 영국 국왕이 스코틀랜드 아일라섬에 위치한 라프로익 증류소에서 오크통에 사인하고 있다. 이날 부인 카밀라는 라프로익 40년 숙성 제품에 사인했다고 한다. ©laphroaigcollector

그 증류소가 바로 라프로익 증류소였습니다.

아일라 특유의 풍미에 반한 찰스 황태자는 라프로익 증류소에 영국 왕실의 품질 보증서와 같은 '로열 워런트'를 수여하게 됩니다. 아일라섬에서 유일하게 라프로익 제품에만 영국 왕실 문양이 그려져 있는 이유입니다.

이러한 인연은 2008년에도 이어져, 찰스 3세는 자신의 생일을 기념해 부인 카밀라와 함께 증류소를 다시 찾게 됩니다. 이날 찰스와 카밀라는 각각 40년 숙성된 라프로익과 오크통에 사인을 남기게 되는데, 윤 대통령이 받은 선물이 바로 이 오크통에서 병입된 한정판 제품인 것입니다. 찰스 3세가 가장 사랑하는 증류소 제품을 윤석열 대통령에게 선물한 것입니다. 의미가 깊은 셈입니다.

끈적끈적하게 조린 열대 과일, 바닐라 크림과 꿀에 절인 서양배, 고소한 견과류와 복숭아가 박힌 초콜릿케이크 맛. 최근 디아지오가 출시한 신생 증류소의 싱글 몰트위스키 '로즈아일Roseisle 12년'의 테이스팅 노트입니다. 이제 막 위스키를 접하시는 분들에게는 다소 황당하게 들릴 수 있는 내용입니다. 대체 어디서 과일 맛이 나고, 바닐라, 초콜릿은 또 무슨 말인지 도통 감이 안 올 것입니다.

위스키의 대략적인 제조 과정은 대동소이합니다. 발효된 곡물을 통해 얻은 '스피릿'을 오크통에 넣어 숙성시키는 것이지요. 하지만, 정형화된 제조 방식과는 다르게 맛 차이는 증류소별로 천차만별입니다. 지금부터 그 이유를 알아보겠습니다.


## 위스키 맛의 70프로를 좌우하는 오크통

위스키의 맛을 결정짓는 요인들은 수없이 다양합니다. 원료, 발효 시간, 증류 방식, 오크통의 종류 등이 이에 해당합니다. 그중 가장 중요한 것은 오크통입니다. 오크통이 위스키 맛의 70퍼센트 이상을 결정한다고 생각하면 됩니다. 스카치위스키는 규정상, 스코틀랜드 증류소에서 최소 3년 이상 오크통에서 숙성 과정을 거쳐야 합니다. 원액이 길게는 30년 이상 숙성되기 때문에, 오크통의 영향력이 지배적일 수밖에 없습니다. 하물며 물도 오크통에 며칠간 담가놓으면 나무 맛으로 변합니다. 한날한시에 숙성한 스피릿은 오크통의 종류와 크기, 숙성 기간 등에 따라 전혀 다른 결과물을 낳게 됩니다.

스코틀랜드 증류소들은 숙성 과정에서 새 오크통을 기피합니다. 자칫 나무 맛이 너무 강하거나, 사카린Saccharin 등의 인공 감미료 맛이 느껴질

스코틀랜드에 위치한 스페이사이드 쿠퍼리지를 드론으로 촬영한 모습. ⓒ게티이미지코리아

수 있기 때문입니다. 그래서 주로 다른 술을 숙성할 때 사용했던 오크통을 활용합니다. 즉, 전에 담겨 있던 내용물에 따라 위스키가 영향을 받게 되는 겁니다. 예컨대 500리터 셰리 와인을 담고 있던 오크통에 있는 원액이 최대 10리터에 달한다고 합니다. 아무리 개성 강한 스피릿도 그 오크통에서 숙성되면 자연스레 셰리 맛이 묻어나올 수밖에 없습니다. 수년간 고추장만 담갔던 옹기에 간장을 넣었다고 갑자기 씨간장이 되지 않는 것처럼요.

아메리칸 화이트 오크로 제작된 오크통 내부를 차링하는 모습. ©게티이미지코리아

## 시장의 90퍼센트를 차지하는 셰리와 버번 오크통

위스키 오크통 시장의 90퍼센트는 셰리와 버번 오크통이 차지하고 있습니다. 셰리 오크통은 주로 스페인이나 포르투갈에서 자라는 유러피언 오크로 제작되고, 버번 오크통은 미국의 아메리칸 화이트 오크 품종을 사용합니다. 이 중에서 가장 많이 쓰이는 아메리칸 화이트 오크는 부드럽고 달콤한 바닐라와 열대 과일, 캐러멜 노트를 갖고 있습니다. 반면, 유러피

언 오크는 말린 과일과 계피, 감귤류를 포함해 매콤한 맛이 특징입니다. 목재의 종류가 위스키 맛으로 이어지게 되는 셈입니다. 최근엔 테킬라나 럼, 코냑 등을 숙성한 오크통을 사용하기도 합니다.

여기서 잠깐, 버번에 대해 알아야 할 내용이 있습니다. 미국에서 생산되는 버번은 스카치위스키처럼 반드시 지켜야 할 조항이 몇 가지 있습니다. 버번은 숙성 시, 내부를 그을린 새 오크통을 사용해야 하고, 전체 원료의 옥수수 함량이 51퍼센트를 넘어야 합니다. 버번은 최소 숙성 기간이라는 원칙이 없어서 스피릿을 오크통에 담갔다 빼기만 해도 이를 버번이라 부를 수 있습니다. 여기서 중요한 점은, 한 번 사용한 오크통은 절대 재활용할 수 없다는 점입니다. 쓰임을 다한 오크통은 폐기해야 합니다. 늘 오크통에 목말라 있는 위스키 증류소들이 이를 가만히 보고만 있진 않겠죠. 세계 각국 위스키 증류소들은 미국에서 폐기되는 버번 오크통을 몽땅 헐값에 들여와 위스키를 숙성합니다.

역사적으로 버번 오크통은 늘 인기가 좋았습니다. 스카치위스키를 숙성하는 데 이처럼 가성비 좋은 제품이 없었기 때문이죠. 미국에서 한 번 쓰고 버리는 오크통은 새것처럼 튼튼해서 고쳐 쓸 일도 없습니다. 게다가 버번이 가진 특유의 달콤함과 스피릿이 만나, 열대 과일 맛의 화사한 위스키까지 만들 수 있습니다. 값비싼 셰리 오크통이 점점 귀해지는 상황에서, 버번 오크통은 빛과 소금 같은 존재였을 것입니다.

로즈아일 12년 위스키 라벨에 퍼스트 필 & 리필 캐스크 라고 표기돼 있다. ©디아지오

## 오크통의 신선도

스카치 증류소에서 오크통을 한 번 쓰고 폐기하기에는 수지타산이 맞지 않습니다. 버번 오크통의 개당 가격은 100만 원입니다. 셰리 오크통의 경우 200만 원부터 시작합니다. 오크통은 위스키 생산 비용의 대략 20퍼센트를 차지하기 때문에 오크통의 재활용은 필연적입니다. 여건이 이렇다 보니, 경제 개념이 투철한 위스키 증류소들은 오크통이 닳아 없어질 때까지 재사용합니다.

위스키 라벨을 보면 '퍼스트 필First Fill'이라고 적힌 문구가 있습니다. 이는 셰리나 버번 등을 사용한 오크통에 처음으로 위스키를 넣어 숙성한 것을 의미합니다. 스피릿이 오크통의 영향력을 가장 많이 받을 수 있는 상태라고 볼 수 있습니다. 증류소들도 이를 자랑스럽게 여겨 라벨에 표기해 주는 편입니다. '세컨드 필은2nd Fill'은 두 번, '써드 필3rd Fill'은 오크통을 세 번 재사용했다는 것을 의미합니다. 하지만 무조건 퍼스트 필이 좋은 것은 아닙니다. 오크통의 영향력이 너무 강하면 스피릿이 가진 고유의 특징까지 사라져버릴 수 있기 때문입니다. 3회 이상 사용한 오크통은 '리필Re Fill' 캐스크라고 말합니다. 오크통도 여러 번 사용할수록 그 풍미를 잃습니다. 사골육수나 티백을 상상하면 됩니다. 처음에는 맛이 진하게 우려지다가 끝에서는 맹탕에 가까워지는 것과 같은 논리입니다.

그런데 여기서 끝이 아닙니다. 더 이상 풍미를 뽑아내기 어려운 오크통은 분해해서 속을 깎아내고 그을려, 다시 재조립해서 사용합니다. 이를 리주베네이티드Rejuvenated라 합니다. 오크통은 끝날 때까지 끝난 게 아닙니다. 모든 오크통은 내부를 불로 그을려서 제작하는데, 나무에서 달콤한 캐러멜 성분을 극대화시켜 달콤한 맛을 뽑아낼 수 있기 때문입니다. 오크통을 오래 태울수록 표면이 숯처럼 갈라져 스피릿이 오크통의 영향을 받기 수월해집니다.

## 오크통 크기에 따른 맛의 변화

오크통의 크기도 위스키의 최종 풍미를 결정짓는 중요 역할을 합니다. 위스키 원액의 증발량, 숙성 속도 등 전반적인 부분에 영향을 주기 때문입니다.

복잡하게 들리겠지만, 여러분들은 딱 두 가지만 기억하면 됩니다. 오크통은 클수록 증발량이 적고, 스피릿이 숙성되는 데 시간이 오래 걸립니다. 긴 숙성 시간만큼 위스키가 복합적이고 깊은 풍미를 내게 됩니다. 반

대로 오크통이 작을수록 증발량이 많고, 스피릿과 오크통 간의 상호작용이 활발해 숙성이 빨라집니다. 그만큼 오크통의 영향을 많이 받아 진한 맛이 우러나게 됩니다.

오크통은 크기에 따라 명칭이 다릅니다. 하지만 국제표준화기구ISO가 제정한 표준 규격이 없으므로, 제작자마다 차이가 있습니다. 가장 많이 쓰이는 버번 오크통은 200리터 용량의 '배럴'입니다. 유일하게 미국에서 표준화된 사이즈이기도 합니다. 반면 위스키를 숙성할 때 자주 사용되는 250리터 용량의 '혹스헤드'는, 배럴을 분해해서 더 큰 사이즈로 재조립한 오크통입니다. 최대한 많은 위스키를 숙성해 이윤을 극대화하기 위함입니다. 한편, 셰리 오크통은 500리터 용량의 '버트Butt'를 사용하고 있습니다.

다시 처음으로 돌아가겠습니다. 로즈아일 12년은 퍼스트 필 버번 캐스크와 리필 캐스크를 사용했습니다. 이제는 오크통의 종류만으로 위스키에서 어떤 맛이 날지 상상해볼 수가 있습니다. 버번 캐스크에서는 열대 과일이나, 캐러멜, 바닐라 맛 등을 예상해볼 수가 있습니다. 리필 캐스크는 최초로 사용된 버번 오크통의 특징을 최대한 살리면서, 추가적인 안정화를 위한 숙성을 위해 쓰였을 것입니다. 생각보다 쉽죠? 이제는 앞서 나온 테이스팅 노트가 어느 정도 공감될 겁니다.

# 일본 위스키 풍미의 비밀…
# 미즈나라의 모든 것

◆——■——◆

비싼데 구하기는 어렵고, 막상 다루려니 한없이 까탈스러운, 그런데도 거절할 수 없는 매력을 가진, 소비자들은 즐겁지만 위스키 업자들에게는 하나부터 열까지 악몽 같은 '미즈나라' 이야기입니다. 미즈나라는 일본 최북단 홋카이도의 활엽수림을 구성하는 수목입니다. '미즈'는 일본어로 물을, '나라'는 참나무를 의미합니다. 해석하자면 '물참나무'입니다.

예로부터 참나무는 귀한 대접을 받았습니다. 다 타고 남은 숯까지 버릴 게 하나도 없기 때문입니다. 참나무의 단단하고 질긴 물성 덕분에 고대 무기부터 전함, 건축, 가구 등 안 쓰이는 곳이 없었습니다. 위스키 업계에서도 참나무, 즉 오크는 떼려야 뗄 수 없는 관계에 있습니다.

보통 위스키 맛의 8할은 오크통에서 나옵니다. 증류소에서 갓 뽑아낸 원액은 수년간 오크통에서 숙성돼 위스키로 완성되기 때문이죠. 스카치

미즈나라는 일본 최북단 홋카이도의 활엽수림을 구성하는 수목이다. ©inaturalist

업계에서 가장 많이 쓰이는 나무 품종은 아메리칸 화이트 오크와 유러피언 오크입니다. 상대적으로 접근성도 좋고 목재 다루기가 쉬운 편입니다. 하지만 근래 가장 주목받고 있는 나무 품종을 꼽으라면 미즈나라일 것입니다. 위스키 라벨에 미즈나라의 '흔적'만 있어도 가격이 심상치 않음을 쉽게 체감할 수 있습니다.

## 미즈나라의 특징

생산자 입장에서 미즈나라는 장점보다 단점이 많습니다. 일단 너무 희귀하고 값이 비쌉니다. 오크통 한 개에 가격은 6,000달러 이상. 보편적으로 가장 많이 쓰이는 아메리칸 오크통의 열 배가 넘는 가격입니다. 심지어 미즈나라는 일반 참나무처럼 곧게 자라지 못하고 생육이 굽이굽이 뒤틀려 있습니다. 오크통 제작에 쓰이는 길쭉하고 곧게 뻗은 스타브Stave로 가공하는 데까지 훨씬 많은 품이 들겠지요. 게다가 나무를 베기까지 기다려야 하는 시간은 최소 200년. 아메리칸 화이트 오크는 약 70년, 유러피언 오크가 100년 정도 걸리는 점을 감안하면 이 또한 긴 인내의 시간이 필요합니다.

미즈나라는 높은 다공성多孔性으로 인해 많은 수분을 내포하고 있습니다. 일반 참나무보다 내부에 구멍이 많아 오크통의 방수 효과가 떨어질 수 있겠지요. 위스키를 수년간 담아야 하는 오크통이 방수가 안 된다는 것은, 그만큼 많은 유지 보수 비용이 든다는 이야기입니다. 위스키 누수

보모어 증류소 숙성고의 미즈나라 오크통에서 숙성 중인 위스키. ©globetrekimage

를 제때 발견하지 못하면 치명적일 수 있겠죠. 이 과정에서 결국 '천사의 몫'으로 날아가는 증발량도 무시할 수 없습니다. 그나마 희망적인 것은 스피릿에 미즈나라의 풍미가 비교적 빨리 스며든다는 점 정도. 이쯤 되면 대체 생산자들이 왜 미즈나라에 집착하는지 의문점이 생길 것입니다. 하지만 이 모든 단점을 상쇄할 수 있는 게 미즈나라 오크통만의 독특한 풍미입니다.

미즈나라는 락톤과 바닐라 함량이 높고 참나무 중에서도 낮은 타닌 수치를 보유하고 있습니다. 높은 락톤 수치는 위스키에 코코넛과 같은 풍미를 더해주고 바닐라는 달콤함을 더욱 선명하게 부각시킵니다. 낮은 타닌 수치는 장시간 숙성 시 자칫 떫어질 수 있는 위스키 맛을 부드럽게 유지합니다. 이에 더해 미즈나라만의 독특한 매콤함은 감초와 같은 역할을

일본 시즈오카 증류소에서 출시한 미즈나라 5년 숙성(왼쪽에서 두 번째).

해줍니다.

미즈나라에서 흔히 언급되는 풍미 중 하나가 백단향입니다. 조선시대 궁중에서 여인들이 사용하던 천연 향수와 같은 느낌이죠. 서양에서 흔히 샌달우드로 불리는 백단향은 은은하면서 고혹적인 '동양의 달콤함'이 특징입니다. 수백 년 이어져 내려온 스카치의 역사에서는 경험할 수 없는 풍미를 일본이 발견한 셈이죠. 물론 시대적 배경이 이를 어느 정도 뒷받침해주긴 했습니다.

## 미즈나라 오크통의 시작

2차 세계대전에서 패한 일본은 위스키 산업에 위기를 맞았습니다. 미국과 유럽으로부터 오크통 수입에 차질이 생겼던 것이죠. 당시 자국 내에서 어떻게든 오크통을 수급해야 했던 야마자키 증류소가 궁여지책으로 선택한 게 미즈나라입니다. 당장 늘어나는 위스키 수요를 어떻게든 소화해야 했던 것이죠.

하지만 처음부터 지금처럼 인기가 많았던 것은 아닙니다. 초창기만 해도 찬밥 신세를 면치 못했습니다. 미즈나라 숙성에 대한 연구 자료가 전혀 없었던 시절이죠. 미즈나라 오크통이 가진 수많은 단점은 결국 짧은 숙성 연수로 이어졌고 술맛은 거칠고 풍미도 좋지 않았다고 합니다. 하지만 결국 집요하게 이어진 여러 가지 실험과 일본 특유의 '장인 정신'이 오늘날 미즈나라의 명성을 완성했다고 봐도 과언이 아닐 것입니다.


## 어떤 제품을 선택해야 할까?

시중에는 미즈나라 오크통에서 피니시만 한 제품들이 대부분입니다. 위스키의 숙성 마무리 단계에서 미즈나라 풍미만 입히는 작업이죠. 이러면 미즈나라의 캐릭터가 미세하게 살아 있긴 하지만 오롯이 느끼기엔 어려움이 많습니다. 처음부터 미즈나라 오크통에서만 숙성시킨 제품들은 대부분 너무 비싸거나 만나기조차 쉽지 않습니다. 이제는 일본의 여러 크래프트 증류소에서도 미즈나라를 사용한 제품들을 출시하고 있지만 이마저도 극소량입니다. 그나마 운이 좋다면 일본 몰트 바에 가서 간혹 맛볼 수 있는 정도입니다.

그중에서도 딱 하나만 고르자면 일본 시즈오카 증류소에서 출시한 미즈나라 5년 제품을 추천합니다. 이는 단순히 구색만 갖춘 게 아니라 한 미즈나라 오크통에서 만 5년을 숙성해 전 세계 163병만 출시된 제품입니다. 알코올 도수는 57.3도. 애당초 숙성 과정에서 증발량이 40퍼센트가 넘었던 상황이라, 어지간한 고숙성 스카치보다 수량이 적게 병입된 셈이죠. 인연이 된다면 꼭 잔술로라도 마셔보는 것을 추천합니다. 위스키를 한 모금 입술 사이로 흘려보내는 순간 "내가 미즈나라다."라는 말을 건네는 듯한 느낌이 들 정도니까요.

이제는 일본뿐만 아니라 스코틀랜드, 아일랜드, 미국에 이르기까지 여러 나라들이 미즈나라 오크통을 사용하고 있습니다. 하나의 트랜드가 돼 가고 있는 셈이죠. 문제는 투명성입니다. 말 그대로 미즈나라에 살짝 담 갔다가 빼기만 해도 미즈나라 피니시라는 표현을 쓸 수 있기 때문이죠. 고귀한 참나무의 삶이 위스키 업계 마케팅의 일부로 끝나지 않길 바랄 뿐입니다.

# 몸싸움까지 일으킨
# '셰리 위스키'의 오크통은 어디로 갔나

화창하고 쌀쌀한 2023년 4월의 어느 날, 시계가 열 시를 가리키자 마트 게이트가 열리고 100여 명의 인파가 동시다발적으로 목표물을 향해 달리기 시작했습니다. 한순간에 현장은 몸싸움과 욕설이 난무하는 아수라장으로 변했습니다. 목적지에 다다른 인파가 일제히 손을 뻗자, 물건들이

게 눈 감추듯 사라지고 빈 상자들만 공중에서 날아다녔습니다. 그 와중에 소기의 목적을 달성한 이들은 럭비 경기를 방불케 하듯, 몸싸움도 마다하지 않고 현장을 거칠게 빠져나갔습

서울 시내 한 마트에서 맥캘란 12년 셰리 오크를 구매하려는 인파 모습.

니다. 해당 제품이 완판까지 걸린 시간은 단 3분.

서울 시내 한 대형 마트에서 일어난 오픈런 현장 모습입니다. 고객들을 불러 모은 제품은 싱글 몰트위스키인 맥캘란 12년, 셰리 오크. 위스키 열풍이 불며 가격이 18만 원 수준까지 치솟은 제품이 10만 원대 초반에 출시됐다는 소식에 이른 시간부터 고객들이 매장을 찾은 것입니다. 제품은 완판됐지만, 현장 통제 부족과 한국인들의 열광에 '이렇게까지 해야 하느냐'는 비판이 나오며 하나의 촌극으로 기록됐습니다. 한때 10만 원 이하로 입문용 셰리 위스키를 찾던 지인들에게 추천해준 위스키가 이제는 운과 강한 체력을 요구하는 위스키가 돼버렸습니다. 한국인들의 셰리 사랑은 남다릅니다. 위스키보다 와인이 먼저 인기를 끌었던 탓일까요? 말도 많고 탈도 많은 셰리 위스키에 관해 이야기해보겠습니다.

## 셰리의 솔레라 시스템

셰리란 스페인 남부 안달루시아 지방의 헤레스Jerez 지역에서 자란 팔로미노라는 청포도 품종으로 만든 주정 강화 와인을 말합니다. 대표적으로 피노Fino, 아몬티야도Amontillado, 올로로소Oloroso, 페드로 히메네스Pedro Ximenez 등이 있습니다. '셰리'는 원산지 명칭 보호에 포함돼 있어 공식적으로 셰리 라벨이 붙으려면 반드시 카디스Cádiz 주의 '셰리 트라이앵글'에서 생산된 제품이어야 합니다. 전통적으로 셰리 위스키는 셰리 와인을 병입하고 남은 오크통에 위스키를 넣어 숙성시키는 것인데, 이 과정에서 셰리

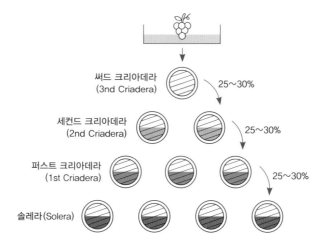

**솔레라 시스템**

써드 크리아데라
(3nd Criadera)  25~30%

세컨드 크리아데라
(2nd Criadera)  25~30%

퍼스트 크리아데라
(1st Criadera)  25~30%

솔레라(Solera)

특유의 건포도, 과일, 고소한 견과류 등의 풍미를 얻게 됩니다.

셰리는 '솔레라 시스템'이라는 블렌딩 방식으로 맛과 향을 일정하게 유지합니다. 방법은 이렇습니다. 파이프로 연결된 오크통을 피라미드 형태로 층층이 쌓아두고 아랫줄로 갈수록 오래된 술을 담습니다. 가장 오래된 술을 일정량 병입하면 위층에 있던 술들이 아래로 내려와 섞이고, 맨 윗단의 빈 곳은 다시 새 와인으로 채우는 방식입니다. 셰리 와인 규정상 한 번에 $\frac{1}{3}$ 이상의 와인을 꺼낼 수 없어 오크통이 완전히 비워질 일은 없습니다. 솔레라 방식 특성상 한 번 쓴 오크통은 버리지 않고 계속 사용합니다. 오히려 쓰면 쓸수록 셰리 와인의 질을 향상시켜주는 효모가 많아져 오크통의 가치가 올라갑니다. 길게는 100년 이상 사용되는 오크통들도 있다고 합니다. 조선의 '씨간장'이 수백 년을 면면히 이어올 수 있는 '덧장' 문화와도 방식이 유사합니다. 매년 새로 담은 햇간장을 조금씩 더해 '씨간장'의 맛과 양을 유지할 수 있는 것처럼요.


## 운송용 셰리 오크통의 시작

시장에 익숙히 알려진 '진짜' 셰리 위스키는 과거 운송용 오크통에서 숙성된 위스키에 기반을 둡니다. 근데 지금은 이 통들이 다 사라지고 셰리 위스키를 만들려고 인위적으로 제작한 오크통들만 사용되고 있습니다. 그 통들은 다 어디로 갔을까요? 내막을 간단하게 살펴보겠습니다.

이야기는 영국이 프랑스와의 백년전쟁에서 패하면서 시작됩니다. 당시 와인 사랑이 남달랐던 영국이 무역의 주요 거점인 보르도항을 빼앗기고 새롭게 찾은 와인 공급처는 포르투갈이었습니다. 하지만 와인은 저온 장치도 없이 2,000킬로미터가 넘는 뱃길을 견디기엔 너무나도 약한 존재였죠. 이때 와인이 산화되는 것을 방지하려고 브랜디를 섞어 알코올 도수를 높인 것이 주정 강화 와인의 시초입니다. 오크통에서 와인이 발효되고 숙성되는 과정에 브랜디를 섞는 순간 효모가 죽고 발효가 멈춘다는 사실을 깨달은 것이지요. 이때부터 영국에서 셰리 와인이 인기를 얻고 옆 나라 스페인까지도 본격적으로 셰리 와인을 영국으로 수출하기 시작합니다.

19세기 말까지 셰리 와인은 유리병이 아닌 오크통째로 옮겨졌습니다. 당시 와인이 운송되기까지 길게는 몇 달이 걸렸기 때문에 배송이 끝날 무렵 오크통이 흡수한 셰리의 양이 수십 리터에 달했다고 합니다. 이때 오크통의 효율도 문제였지만, 운송을 마친 업자들에겐 빈 오크통도 짐이다 보니, 결국 인근 스코틀랜드 증류소에 헐값으로 처분합니다. 하지만 셰리 업자들도 눈 뜨고 귀한 자산이 낭비되는 것을 지켜보고만 있을 수는 없었 겠지요. 결국 배송에 쓰이던 오크통은 시간이 흘러 효율이 좋은 스테인리스로 대체됩니다. 급기야 1986년 셰리 와인의 병입은 무조건 산지인 스페인에서 이루어져야 한다는 법령이 생기면서 운반용 셰리 캐스크들은 서서히 자취를 감추게 됩니다.

영국에서 셰리 위스키의 인기가 식자 자연스럽게 셰리 오크통 물량도 줄어듭니다. 당장 셰리 위스키에 쓸 오크통이 부족해지자 조급해진 증류소들이 가짜 셰리 오크통을 제작하기에 이릅니다. 미국에서 들여온 나무로 제작한 오크통에 화학물질인 팍사레트Paxarette를 발라 셰리의 풍미를 증폭시키는 방법이었죠. 팍사레트는 셰리 와인 중에서도 가장 당도가 높은 페드로 히메네스와 시럽 등을 졸여 만든 화학물질입니다. 하지만 1990년부터 스카치위스키 협회SWA에서 이를 위스키 고유 풍미에 영향을 주는 첨가물로 판단하고 금지합니다. 간혹 1980~1990년대 생산된 올드 셰리 위스키들이 유난히 더 맛있는 이유를 팍사레트에서 찾는 사람들도 있습니다.


## 옛날 방식 vs 현대 방식

증류소 입장에서 솔레라 시스템을 직접 구축해 셰리를 생산하는 방식

SHERRY OAK CASK

MATURED IN HAND-PICKED
SHERRY SEASONED OAK CASKS FROM JEREZ,
SPAIN, FOR RICHNESS AND COMPLEXITY

맥캘란 18년 제품에 'Sherry seasoned oak casks from Jerez Spain'
이라는 문구가 보인다.

은 수지타산이 맞지 않습니다. 그래서 그들은 솔레라 방식에 쓰이는 것과 유사한 종의 나무로 맞춤형 오크통을 제작하는 방식을 택했죠. 이렇게 제작된 오크통들은 헤레스 지방의 셰리 와인 양조장으로 보내져 평균 18개월 정도 숙성을 거칩니다. 즉 오크통에 셰리 와인의 풍미를 입히는 시즈닝 작업을 하는 것입니다. 애초에 규정상 셰리로 부르기 어려운 와인이고 음용을 위해 만든 술이 아니다 보니 두어 번 오크통에 재사용 후 폐기하거나 식초로 재가공하는 게 일반적입니다. 위와 같은 연유로 최근 출시된 맥캘란 제품들의 라벨에도 'Sherry seasoned oak from Jerez Spain'이라는 문구가 쓰여 있습니다.

운송에 쓰인 셰리 오크통과 맞춤형으로 시즈닝된 셰리 오크통의 기본틀은 비슷합니다. 양쪽 다 일정 기간 셰리 와인을 담고 있었다는 점이죠. 하지만 시판용 고숙성 셰리 와인을 담고 있었던 오크통과 간신히 구색만 갖춘 와인을 담갔다가 뺀 오크통 간의 괴리는 커 보입니다. 그렇다고 너무 비관적으로만 바라볼 필요는 없습니다. 현재도 양질의 셰리를 묵힌 오

(왼쪽부터)맥캘란 12년 셰리 오크, 글렌드로낙 12년, 글렌알라키 15년.

크통을 활용해 좋은 평가를 받는 셰리 위스키들이 꾸준히 나오고 있기 때문입니다. 이런 경우 과거 운반용 오크통과 비슷한 품질을 보여주겠지만, 가격도 그만큼 높아질 것입니다.

　뭐가 맞고 틀리는지는 생산자의 목적 그리고 소비자의 기호에 따라 갈릴 것입니다. 셰리의 풍미에 대한 호기심이 생겼다면 실제 셰리 와인을 마셔보는 것도 방법입니다. 평소 알던 셰리 위스키에서 느꼈던 부분들이 더 직관적으로 다가올 것입니다.

맥캘란 12년 셰리 오크를 구하기 어렵다면, 비슷한 가격대의 글렌드로낙 12년도 좋습니다. 올로로소 셰리와 페드로 히메네스를 사용해 달콤한 건포도와 과일의 풍미를 느낄 수 있습니다. 또 진한 초콜릿과 건포도의 뉘앙스가 조화롭게 어우러진 글렌알라키 15년도 쌀쌀한 날씨에 잘 어울립니다. 하지만 보틀 구매 전 바에서 잔술로 미리 마셔보는 것을 추천합니다.

# 27시간 걸려 간 맥캘란 증류소…
# 실망한 이유

◆——◆——◆

위스키계의 롤스로이스로 평가받는 맥캘란은 올해로 200주년을 맞았습니다. 맥캘란이라는 브랜드는 더 이상의 마케팅도 필요 없어 보입니다. 이제는 위스키 스스로 스토리텔링을 하면서 브랜드 가치를 높이고 있기 때문입니다. 여기저기서 돈다발을 들고 서로 팔아달라고 줄 서는 게 새롭지도 않습니다. 대체 맥캘란은 어떻게 이런 상위 포식자 위치에 설 수 있었을까요? 매번 새로운 역사를 갱신하고 있는 맥캘란 증류소에 직접 찾아가봤습니다. 그런데 처음부터 그 여정이 쉽지만은 않았습니다.

스코틀랜드 스페이사이드에 위치한 맥캘란 증류소 입구 모습.

## 27시간에 걸쳐 도착한 맥캘란 증류소

맥캘란 증류소는 투어 예약이 어렵습니다. 증류소는 목요일부터 일요일까지 나흘간만 방문할 수 있고 겨울철에는 주말에만 운영합니다. 예약 없이는 증류소 부지 근처까지 가기도 어렵습니다. 예약도 늘 매진이라 취소 자리라도 만나는 운이 필요합니다. 투어 참가자는 최대 여덟 명으로 하루에 두 번, 식사가 포함된 특별 투어는 하루 단 한 번만 진행되므로 여타 증류소에 비해 진입 장벽이 높은 편입니다.

서울에서 글래스고까지 '도어 투 도어' 꼬박 24시간, 렌터카로 글래스고에서 맥캘란 증류소까지 하이랜드 지역의 산길을 굽이굽이 지나 또 세 시

'맥캘란의 정신적인 고향'으로 불리는 '이스트 엘키스 하우스'. 맥캘란 위스키 라벨에서도 발견할 수 있다.

간. 스코틀랜드의 아름다운 경관을 즐길 새도 없이 비좁고 울퉁불퉁한 2차선 도로와 가로등 하나 없는 산길을 통과해야 비로소 맥캘란 증류소에 닿을 수 있습니다. 웅장한 대문을 지나 60만 평에 가까운 맥캘란 부지에 들어서면 300여 년 전에 지어진 '이스트 엘키스 하우스'가 보입니다. '맥캘란의 정신적인 고향'으로 불리는 이 집은 맥캘란 위스키 라벨에서도 쉽게 발견할 수 있습니다. 집 내부는 새로 리모델링했지만, 외부는 삼각형 지붕에 네 개의 뾰족한 굴뚝이 올라온 전통 양식의 스코틀랜드 별장 모습 그대로입니다.

약 2,400억 원을 들여 새로 리모델링을 마친 증류소는 하나의 거대한 우주선과 같습니다. 단순히 증류소라고 보기엔 그 규모가 압도적이고 광

2018년, 약 2,400억 원을 들여 리모델링한 맥캘란 증류소 외부 모습.

활합니다. 멀리서 보면 마치 외계인들이 지구에 식민지를 꾸려놓은 듯한 모습으로 보이기도 합니다. 위스키를 좋아하는 사람이라면 처음으로 디즈니랜드 성을 본 듯한 설렘을 느낄지도 모르겠습니다. 2014년 공사에 들어간 증류소는 설계 준비만 6년이 걸렸고 공사를 시작한 지 4년 만인 2018년 완공되었습니다. 목재 구조로 뒤덮인 지붕은 스페이사이드의 들판 풍경과 조화를 이루도록 설계했다고 합니다. 맥캘란의 건축 디자인은 런던의 밀레니엄 돔과 여의도 파크원 프로젝트 등을 진행한 영국의 로저스 스타크 하버 파트너스가 담당했습니다.

증류소에 들어서면 총 840개의 맥캘란 병으로 장식된 아카이브 공간이 눈에 띕니다. 이곳에는 1840년부터 현재까지 출시된 위스키 398개와 프랑스 크리스털 공예 회사인 라리크 등과 협업한 디캔터 시리즈 열아홉 개, 플라스크 시리즈 네 개로 구성된 공간을 마주하게 됩니다. 맥캘란의 200년 역사를 한눈에 들여다볼 수 있는 역사관인 셈입니다.

맥캘란이 소장하고 있는 가장 오래된 병은 1848년 빈티지 제품입니다. 지금과는 확연히 다른 투박한 형태의 빈 병이지만 돈으로는 그 가치를 환산할 수 없다고 합니다. 그 외에도 수많은 유명 협업 제품들과 위스키계

총 840개의 맥캘란 병으로 장식된 증류소의 아카이브 공간.

의 롤스로이스라는 별칭을 갖게 된 '억 소리 나는 역사'가 한 자리에 모여 있습니다.

넋 놓고 아카이브 시설들을 둘러보고 나면 증류소로 이동합니다. 맥아의 당화, 발효, 증류 공정의 가장 핵심이 되는 시설입니다. 최신식 증류소를 구축한 맥캘란은 36대의 증류기와 21개의 발효조를 갖추고 있습니다. 그중 눈에 띄는 것은 유난히 짤막하고 두툼한 몸통을 가진 증류기입니다. 보통 증류기 목이 길면 스피릿의 풍미가 가볍고 섬세한 반면, 목이 짧고 두꺼울수록 묵직하고 기름진 풍미를 끌어낸다고 합니다. 여기서 후자에 해당하는 맥캘란의 스피릿은 실제로 묵직한 과일과 초콜릿 등의 풍미가

두툼하고 짧은 몸통을 가진 맥캘란 증류소의 증류기 모습.

인상적이었습니다.

테이스팅 공간으로 이동하면 총 네 가지의 위스키를 맛보게 됩니다. 이번에 맛본 제품은 맥캘란 12년, 15년, 18년 그리고 숙성 연수 표기가 없는 나스NAS 제품입니다. 특이한 점이라면 맥캘란 12년 세리 오피셜이 아니라 면세 전용으로 나온 컬러 시리즈였습니다. 비록 오피셜과 마찬가지로 알코올 도수 40도로 출시된 제품이지만 맛은 기존 12년 세리보다 괜찮다는 생각이 들었습니다. 맥캘란 특유의 후추 향신료와 건포도, 견과류 풍미가 다소 옅지만 부담스럽지 않게 다가왔습니다.

이어서 마신 제품은 유러피언 오크와 아메리칸 오크를 섞은 맥캘란 15년 더블 캐스크. 가격은 맥캘란 12년에 비해 두 배지만 맛은 그렇지 못했습니다. 기존 12년 제품에 살짝 바닐라 풍미가 가미된 정도. 가장 기대됐던 맥캘란 18년 세리는 2023년에 릴리스된 제품이었습니다. 셋 중에서는 가장 맛이 괜찮긴 했지만 현장에 있던 사람들의 반응은 썩 좋지 못했습니다. 나이 지긋한 미국의 노부부는 맛이 예전 같지 않고 너무 심심하다는 평을 내리기도 했습니다. 이 가격에 이런 맛이라면 구매에 있어 고민이 좀 된다는 이야기도 흘러나왔습니다. 마지막으로 시음한 나스NAS 제품도 큰 호응을 얻진 못했습니다.

시음을 마친 뒤, 아쉬운 마음에 '맥캘란 바'로 이동했습니다. 여기까지 왔는데 정말 귀한 위스키 한 잔 정도는 마셔야겠다고 생각했습니다. 그렇게 선택한 제품이 맥캘란 2018년 익셉셔널 싱글 캐스크. 평소 구경하기도 어려울뿐더러 해외에서 600만 원은 들여야 구매할 수 있는 제품입니다. 그런데 30밀리리터 기준 한 잔 가격이 40파운드로 병값을 생각하면 나름 합리적이었습니다. 코를 대는 순간 바로 직감했습니다. 아, 이건 내가 평소에 마셨던 맥캘란이 아니구나. 향에서는 복숭아와 다크 초콜릿, 바나나 푸딩이 직관적으로 느껴졌습니다. 위스키를 한 모금 입술 사이로 흘려보내는 순간 진한 과일 조림과 초콜릿 푸딩을 떠먹는 듯했습니다. 한참 동안 바깥 경치를 즐기며 30분에 걸쳐 잔을 비웠습니다. 그야말로 환상적이었습니다. 그런데 여전히 오피셜 보틀들에 대한 아쉬움은 머릿속에서 지울 수가 없었습니다.

맥캘란 증류소의 테이스팅 룸. (왼쪽부터)맥캘란 12년 컬러 컬렉션, 15년 더블 캐스크, 18년 셰리 오크.

## 추억 보정으로 남은 맥캘란의 맛

1970~1980년대 출시된 맥캘란 '올드 보틀'을 즐겼던 위스키 마니아라면 오늘날의 맛에 만족하기는 어려울 것입니다. 맥캘란 제조의 공식 레시피는 변하지 않았어도 오크통의 상태가 변했기 때문입니다.

맥캘란 하면 셰리 위스키가 떠오를 것입니다. 맥캘란이 오랜 기간 수많은 위스키 마니아의 취향을 만족시켜줬던 제품이 바로 셰리 위스키이기 때문입니다. 맥캘란은 위스키의 풍미가 80프로 이상은 오크통에서 나온다고 주장합니다. 이는 그만큼 오크통의 품질에 자신감을 느끼고 있다는 의미로 해석할 수 있습니다. 맥캘란이 최초로 셰리 오크통에 주목한 것은 1874년입니다. 당시 피노 셰리 오크통에 담겨 보관되던 위스키가 남다른

맥캘란 바에서 마신 맥캘란 2018년 익셉셔널 싱글 캐스크 모습.

풍미의 원천임을 깨달았던 것이지요. 맥캘란이 지금 위치에 설 수 있었던 것도 양질의 셰리 오크통들이 뒷받침되었기 때문일 것입니다.

하지만 1986년 셰리 와인은 무조건 산지인 스페인에서 병입되어야 한다는 법령이 생깁니다. 맥캘란은 생각지 못한 제작 단가 인상과 추가 운송비를 감당해야 했겠지요. 기존 전통을 바꿀 수 없었던 맥캘란은 헤레스 지역 셰리 업자들과 새로운 유통 계약을 맺었고 현재는 스페인 남서부 안달루시아 지방에 있는 '테바사' 쿠퍼리지와 협업하고 있습니다. 셰리 위스키에 필요한 모든 공정 과정을 엄격하게 관리하고 제어할 수 있는 시스템을 구축한 셈입니다. 헤레스는 셰리 와인으로 가장 유명한 지역으로 맥캘란의 근간이 되는 곳이라고 봐도 무관할 것입니다.

　최근 10여 년 동안 셰리 위스키의 인기는 하늘 높은 줄 모르고 치솟았습니다. 그중 맥캘란은 셰리 위스키의 보증수표와 같은 역할을 했습니다. 누구나 맥캘란을 찾기 시작했고, 수요 대비 공급량은 턱없이 모자랐습니다. 셰리 오크통 수급이 부족해진 맥캘란은 시즈닝된 오크통을 선택합니다. 이는 셰리 오크통 제작을 위해 구색만 갖춘 셰리를 만들어 오크통에 단기간 숙성하는 방식입니다. 기존 진짜 셰리를 담았던 오크통에서 숙성한 위스키 맛과는 차이가 있을 수밖에 없겠지요. 이러한 셰리는 대부분 상품성이 떨어져서 식초를 만드는 데 사용됩니다.

　위스키 증류소는 단순히 증류 시설을 확대하고 인원을 충원시킨다고 공급량이 바로 늘어나지 않습니다. 맥캘란의 공식 라인업이라면 최소 10~12년 동안 오크통에서 인내의 시간을 가져야 소비자들을 만날 수 있습니다. 18, 25, 30년 같은 고숙성 제품들은 말할 것도 없겠지요. 최소 10년 후의 수요와 소비자들의 입맛을 예측하는 일이 생각보다 쉽지만은 않았을 것입니다.

　셰리 오크통만으로 수요를 감당하기 어려워진 맥캘란은 오크통을 섞기 시작합니다. 고급 유러피언 셰리 오크통 외에 상대적으로 저렴한 버번위스키를 담았던 아메리칸 오크통까지 사용하게 된 것이지요. 상황이 이렇다 보니 자연스럽게 단종되는 위스키들이 발생하고 숙성 연수조차 표기되지 않은 나스NAS 제품들이 시장에 나타나기 시작합니다. 맥캘란의 충성 고객들에게는 꽤 불편한 상황이었죠. 하지만 이 또한 '한정판'이라는 날개

최고급 스카치위스키 제품군에 속하는 맥캘란 파인 앤 레어 시리즈 모습.

를 달고 불티나게 팔려버립니다. 맥캘란은 굳이 좋은 오크통에서 고급 위
스키 원액을 꺼내 쓸 이유가 사라진 것이죠. 반면 고급 원액은 몇 년만 더
숙성해도 그럴싸한 타이틀을 달고 최소 두 배, 많게는 열 배 이상 비싼 값
에 거래할 수 있는 명분이 생기겠지요.

　최근 오피셜 제품들도 맛이 예전 같지 않다는 평이 지배적입니다. 심지
어 구형 맥캘란 12년이 현행 맥캘란 18년보다 더 맛있다는 이야기가 나올
정도입니다. 특히 맥캘란 18년의 국내 출시 가격은 몇 년 사이 26만 원에
서 60만 원대까지 오르기도 했습니다. 어쩌면 두 배 이상 오른 가격에 상
응하지 못하는 맛에서 발생하는 실망감일지도 모르겠습니다. 위스키 마
니아들에게도 맥캘란은 더 이상 음용이 아닌, 수집의 역할이 더 커진 듯

합니다.

    맥캘란이 좋은 위스키를 만든다는 데는 그 누구도 이견이 없을 것입니다. 지금도 숙성고에서 최상급 원액들이 살아 숨 쉬며 익어가고 있겠죠. 그러나 걷잡을 수 없이 높아진 인기에 물량을 늘리면서 위스키 마니아들에게 사랑받던 맥캘란의 셰리 맛은 소비자들에게 더 멀어진 듯합니다. "물 들어올 때 노 젓는다."라는 말이 위스키에서만큼은 적용되지 않길 바라는 건 저의 욕심일까요. 구형 맥캘란을 찾아서 오늘도 발걸음을 옮겨봅니다.

# 재탕 삼탕은 없다!
# 값비싼 오크통 딱 한 번 쓰고
# 버리는 증류소

●━━━━●

갓 도축한 한우 사골로 뽀얗게 고아낸 육수. 우윳빛 사골국은 색감만으로 맛에 대한 기대감을 한층 고조시킵니다. 하지만 아무리 좋은 사골도 네 번 이상 끓이면 맛과 영양이 떨어집니다. 위스키 제작에 쓰이는 오크통도 마찬가지입니다. 처음 한두 번, 많게는 서너 번 사용하면 오크통이 가진 좋은 성분이 전부 빠져나갑니다. '단물' 빠진 오크통에서 숙성시킨 원액의 맛은 맹탕에 가까울 것입니다.

위스키 맛의 70퍼센트 이상은 오크통이 결정합니다. 스카치 규정상 최소 3년, 길게는 30년 이상 원액이 오크통에서 숙성되기 때문에 그 영향력이 클 수밖에 없습니다. 스카치 업계에서 가장 많이 쓰이는 오크통이 버번과 셰리입니다. 버번위스키가 담겼던 미국산 오크통과 스페인산 셰리 와인이 담겼던 유러피언 오크통에서 위스키를 숙성하는 것이죠. 목재의 종류

스코틀랜드 스페이사이드 지역에 위치한 벤로막 증류소. ©아영FBC

나 오크통에 담겨 있던 내용물에 따라 위스키 맛도 변한다고 보면 됩니다.

오늘날 버번 오크통의 단가는 약 100만 원. 갈수록 귀해지는 셰리 오크통은 최소 200만 원부터 시작합니다. 오크통은 위스키 생산 비용의 약 20퍼센트 이상을 차지합니다. 증류소의 수지타산을 생각하면 오크통의 재활용은 필연적입니다. 경제 개념이 확실한 증류소라면 오크통이 닳아 없어질 때까지 사용해도 전혀 이상하지 않습니다.

그런데 이러한 재탕 삼탕 문화를 역행하는 증류소가 있습니다. 집요하게 '퍼스트 필'만을 강조하며 한 번 쓴 오크통은 두 번 다시 쓰지 않는 곳입니다. 오크통이 가진 가장 진하고 '달콤한 순간'을 위스키에 오롯이 담아내는 것이죠. 스코틀랜드 스페이사이드 지역에 있는 벤로막 증류소 이야기입니다.

1898년 설립된 벤로막 증류소는 각종 불황과 손바뀜으로 오랜 기간 눈에 띄는 행보를 보이지 못했습니다. 1983년 결국 문을 닫은 증류소는 새 주인이 필요했습니다. 그로부터 10년 뒤 1993년, 독립 병입 회사의 원조 격인 '고든 앤 맥페일'이 벤로막 증류소를 인수합니다. 고든 앤 맥페일은 128년 동안 100개 이상의 증류소와 거래를 튼, 4대째 가족 독립 영업을 유지하고 있는 회사입니다. 독립 병입 업계의 삼성이라고 봐도 과언이 아닐 정도로 막대한 자금력과 체계적인 인프라를 갖추고 있는 곳입니다. 업계 '큰손'에 의해 인수된 벤로막 증류소는 5년간의 대대적인 재정비를 마치고 1998년, 찰스 당시 왕세자가 증류소 문을 열면서 다시 본격적인 증류를 시작합니다.

벤로막 증류소 내부에 퍼스트 필만 사용한다는 글이 슬로건처럼 적혀 있다. ©아영FBC

## 효율성을 포기하고 전통을 좇는 증류소

벤로막 증류소는 효율성보다 전통을 중요시합니다. 생산량보다는 품질에 중점을 두고 한 땀 한 땀 수작업으로 위스키를 생산하는 곳이죠. 연간 생산량은 약 38만 리터. 매년 2,000만 리터 이상 뽑아내는 글렌피딕이나 글렌리벳 같은 대형 증류소와 비교하면 눈에 띄게 적은 양입니다. 심지어 매번 퍼스트 필을 강조하다 보니 자칫 수지타산이 안 맞을 수도 있습니다. 하지만 딱히 걱정은 없습니다. 고든 앤 맥페일이라는 든든한 뒷배가 존재하기 때문입니다. 벤로막에서 한 번 쓰고 남은 오크통은 전부 고든 앤 맥페일이 회수해 증류액을 넣고 다시 숙성에 사용합니다. '누이 좋고 매부 좋은' 거래인 셈이죠.

집요하게 '퍼스트 필'만을 강조하며 한 번 쓴 오크통은 두 번 다시 안 쓰는 벤로막 증류소. ©아영FBC

이들의 지향점은 1950년~1960년대 '전통 스페이사이드' 위스키 맛을 재현하는 데 있습니다. 1950년대는 세계대전 등의 여파로 석탄이 부족하던 시기입니다. 증류소들은 석탄 대신 피트를 연료 삼아 위스키를 만들었고 뜻하지 않게 훈제 향이 밴 위스키가 만들어졌습니다. 지금은 과실 향의 부드러운 풍미가 스페이사이드 지역의 특징이지만 당시에는 그 성격이 조금 달랐던 것이죠. 벤로막 제품에 피트의 풍미가 은은하게 깔린 이유입니다.

버튼 하나로 모든 증류 과정이 완성되는 최신식 증류소와는 다르게 벤로막은 모든 게 수동입니다. 위스키 생산의 모든 공정 과정에 사람이 직접 개입하고 있는 것이죠. 심지어 증류소 내 모든 작업 기록도 수기로 작성되고 있습니다. 그나마 사무실에 있는 컴퓨터 한 대는 이메일을 주고받

2024년 미국 최대 주류 품평회 중 하나인 샌프란시스코 월드 스피릿 컴피티션에서 플레티넘을 수상한 벤로막 15년. ⓒ아영FBC

을 때 사용하는 정도. 하나부터 열까지 고집스럽게 사람 냄새가 배어 있는 곳입니다.


## 수상 경력이 증명해주는 벤로막의 맛

위스키 구매자들은 늘 합리적인 소비를 추구합니다. 최대한 신뢰할 수 있는 정보를 취합해서 의사 결정을 하는 편이죠. 특히 공신력 있는 기관이 주최한 주류 품평회에서의 수상 경력은 신뢰를 얻기 좋은 매개체입니다. 물론 수상 경력이 모두의 입맛을 충족시키지는 못하겠지만 그 수가 많아지면 '혹시 정말 맛있는 게 아닌가?' 한 번쯤 살펴볼 필요가 있습니다.

다양한 벤로막 제품들.

벤로막 15년이 보유한 수상 경력이 그 좋은 예죠.

　2015년 세상에 알려진 벤로막 15년은 2018년, 월드 위스키 매거진으로부터 최고의 스페이사이드 위스키로 뽑힙니다. 이후 매년 여러 매체에서 수상을 이어갔고 2024년 미국 최대 주류 품평회 중 하나인 샌프란시스코 월드 스피릿 컴피티션San Francisco World Spirit Competition에서 플래티넘을 수상합니다. 플래티넘은 40여 명의 심사위원으로부터 만장일치로 3년 연속 골드 등급을 받은 제품에만 수여됩니다. 유난히 사랑받는 제품에는 이유가 있는 법입니다. 그래서 마셔봤습니다.

　퍼스트 필 셰리와 버번 오크통에서 숙성된 위스키를 섞은 벤로막 15년은 맛이 꽤 다채롭습니다. 코에 잔이 닿았을 때 스치는 훈제 향을 살짝 건어내면 달콤한 과일과 초콜릿 풍미가 느껴집니다. 위스키를 한 모금 머금고 입안에 펴 바르는 순간 셰리 특유의 건포도, 구운 시나몬 사과파이와 다크 초콜릿이 연상됩니다. 이후 오렌지껍질에서 느껴질 법한 시트러스한 맛과 함께 가벼운 훈제 향이 입안에서 맴돕니다. 그 어떤 맛도 뾰족뾰족 튀지 않고 균형감 있게 정돈된 느낌입니다. 알코올 도수는 43도.

조금 더 젊고 개성 있는 맛을 느끼고 싶다면 벤로막 10년도 괜찮은 선택지가 될 수 있습니다. 특히 퍼스트 필 버번 오크통에서 느껴지는 청사과와 레몬 필의 상큼한 맛이 피트와 잘 버무려져 있습니다. 가격은 6만~7만 원대. 이 가격대에서는 비교군이 많지 않을 정도로 가격 측면의 우수성도 있는 제품입니다. 비슷한 가격대에서 짠맛이나 해조류의 느낌이 더 좋다면 탈리스커 10년 정도. 물론 피트의 강도는 벤로막이 조금 더 약한 편입니다.

위스키 입문자에게 피트는 호불호가 갈리는 영역입니다. 대신 한번 빠지면 탈출구가 없는 곳이죠. 다양한 위스키를 즐기다 보면 피트는 꼭 한 번쯤은 통과해야 할 관문 중 하나입니다. 어쩌면 벤로막이 피트 입문을 위한 가이드 역할을 해줄지도 모르겠습니다. 체계적으로 정량화된 규칙 외에 인간의 본능과 경험이 매 순간 개입해 새로운 위스키를 만드는 벤로막 증류소. 인간의 창작 본능과 과학의 접점에서 전통을 유지하며 고품질 소량 생산만을 고집하는 이곳에서, 조금은 다른 스페이사이드 위스키 맛을 경험해보는 것은 어떨까요.

# 40여 년 만에 부활한
# '유령 증류소'

◆——■——◆

아일라섬에 '유령 증류소'가 40여 년간의 침묵을 깨고 부활했습니다. 수많은 위스키 마니아가 학수고대하던 포트 엘런Port Ellen 증류소가 다시 가동에 들어간 것입니다. 유령 증류소란, 문은 닫았지만 여전히 어딘가에 숙성 중인 위스키 오크통을 보관하고 있는 증류소를 말합니다. 증류소가 간판을 내렸다고 멀쩡하게 숙성되고 있는 제품까지 폐기할 이유는 없겠죠. 이러한 위스키 중 일부는 '한정판'이라는 수식어를 달고 출시되는데 대부분 희소성이 높아 비싼 가격에 거래되는 경우가 많습니다.

## 유령 증류소의 탄생

'재의 수요일'로 불리는 1983년 2월 16일 수요일. DCL<sup>Distillers Company</sup>

Ltd(현재 디아지오)이 530명의 직원을 해고하고 열한 곳의 위스키 증류소와 하나의 곡물 공장을 폐쇄한다고 발표한 날입니다. 존 헤이그 사의 위스키 병입 공장 인원 500명 중 340명이 정리해고된 지 불과 2주 만에 결정된 사안이었습니다. 이는 위스키의 과잉 생산과 세계 경제의 불황이 겹쳐 수많은 위스키 업계 종사자들이 생계를 잃은 비극적인 날이었습니다. 이 중에는 포트 엘런 증류소와 직원 17명도 포함돼 있었습니다.

500년 넘는 스카치위스키의 역사는 꽤 변덕스러웠습니다. 사회적 분위기나 사람들의 입맛이 언제 어떻게 바뀔지 아무도 예측할 수 없었기 때문이죠. 수많은 증류소가 흥망성쇠를 겪으며 생존 경쟁을 벌여 왔습니다. 시대를 잘못 타고난 위스키는 소비자들의 선택을 받지 못해 잊히고 이는 곧 증류소의 매출 감소로 이어졌습니다. 증류소는 운영 비용 감축과 정리해고를 단행할 수밖에 없었고 지푸라기라도 잡는 심정으로 증류기와 숙성고 내 재고까지 처리해야 했습니다. 1825년 처음으로 문을 연 포트 엘

경매 업체 '소더비'(Sotheby's)에 올라온 포트 엘런 증류소 제품들. ©소더비

런 증류소도 이러한 상황을 피해 갈 수 없었던 것이죠.

하지만 세상에 죽으라는 법은 없습니다. 1987년, 포트 엘런은 아일라 증류소와 신사 협정Concordat of Islay Distillers Gentlemen's Agreement을 맺고, 맥아 생산량의 일정 분량을 아일라 증류소에 공급하는 조건으로 간신히 생명력을 연장합니다. 디아지오 소속 자회사에 맥아 공급을 위해 1973년 새로 증축한 맥아 공장, 포트 엘런 몰팅스Port Ellen Maltings가 빛을 발했던 것이죠.

포트 엘런 몰팅스는 플로어 몰팅 대신 자동화된 대형 드럼 몰팅으로 대량으로 맥아를 생산하고 있었습니다. 사람이 손수 삽으로 보리를 뒤집어 가며 맥아의 발아를 유도하던 증류소와는 물리적으로 차이가 있을 수밖에 없었겠지요. 늘 맥아 부족 현상에 시달렸던 아일라 증류소와의 이해관계가 절묘하게 맞아떨어진 것입니다.

당시 계약이 더 이상 유효하진 않지만, 포트 엘런 몰팅스는 연간 2.2만 톤의 맥아를 생산하며 아드벡, 라프로익, 라가불린 등 여러 아일라 증류소와 맥아를 거래하고 있습니다. 아일라 피트 몰트의 최대 90퍼센트는 포트 엘런 몰팅스에서 나온다고 봐도 과언이 아닐 것입니다. 위기가 오히려 기회가 된 것이죠.


## 40여 년 만에 부활

인간의 DNA에 새겨진 회귀본능 때문일까요? 1990년대, 전 세계적으로 다시 싱글 몰트 붐이 일어나면서 포트 엘런 제품들이 주목받기 시작합니다. 위스키 마니아들이 유난히 술맛이 좋았던 1960~1980년대 위스키를 찾아 나선 것이죠. 뜻하지 않게 오크통에서 인고의 세월을 견뎌야 했던 위스키들은 대부분 숙성 연수가 높았고, 희소성까지 더해 불타나게 팔렸습니다. 포트 엘런 증류소 폐업 당시, 소위 저점 구매에 성공한 디아지오는 화색이 돌았습니다. 가뭄에 콩 나듯 출시되던 포트 엘런 제품들이 매년 정기적으로 출시되기 시작했고 업계의 컬트Cult로 자리를 잡기 시작합니다. 유령처럼 육신은 사라졌지만, 스피릿만큼은 살아서 돌아온 셈이죠. 그렇게 2017년, 디아지오는 포트 엘런 증류소의 재건을 발표했고 2024년 3월, 약 1억 8,500만 파운드의 투자 끝에 포트 엘런의 재개장을 알렸습니다.

지난 3월, 먼발치에서 바라본 포트 엘런 증류소는 막바지 작업으로 분

아일라섬에 위치한 포트 엘런 증류소.

주해 보였습니다. 포트 엘런의 상징적인 숙성고 옆에는 천장부터 바닥까지 내려오는 대형 창문 사이로 두 쌍의 구리 증류기가 보였습니다. 첫 번째 증류기인 '피닉스The Phoenix Stills'는 서양배 형태로 기존 포트 엘런 증류기를 그대로 복제한 제품이었습니다. 이는 아일라 특유의 전통적인 스모크 위스키를 만드는 데 사용될 것이라고 합니다.

두 번째 작은 증류기는 새로운 스피릿을 발견하기 위한 실험적인 증류를 하는 데 목적이 있습니다. 보통 일반적인 증류소에서는 스피릿을 초류, 본류, 후류로 구분하는 반면, 포트 엘런의 실험용 증류기는 열 개의 각기 다른 관들이 스피릿 세이프로 연결돼 있다고 합니다. 이는 최종 증류액을 더욱 세분화시켜서 채취하는 용도라고 합니다. 아쉽게도 증류소

투어는 6월부터 가능해서 입맛만 다시고 발걸음을 돌렸습니다.

시대를 잘못 타고난 증류소가 비로소 제자리를 찾아가고 있는 듯한 모습이었습니다. 스카치위스키는 규정상 최소 3년은 오크통에서 숙성 과정을 거쳐야 세상에 나올 수 있습니다. 엔트리급 위스키의 구색을 갖추기까지는 10년 넘는 세월을 기다려야 할 수도 있겠죠. 어쩌면 기존에 잠들어 있던 고숙성 위스키들이 새롭게 꽃단장하고 시장에 나타날지도 모르겠습니다. 부디 잊힌 과거의 유산이 현대의 기술과 만나 옛 영광을 다시 찾기를 바라며.

# 비틀스도 울고 갈 '렛 잇 비' 정신, 스프링뱅크 증류소

●———————●

춥고 강한 비바람이 불던 2월 겨울, 새벽 여섯 시. 플리스와 바람막이에 의존한 남성들이 비를 맞고 서 있습니다. 증류소 문이 열리기까지 남은 시간은 네 시간. 이들의 목표는 단 하나, 증류소에서 한정판으로 출시되는 위스키를 사는 것입니다. 색이 다소 바랜 듯한 스코틀랜드의 바닷가 마을 캠벨타운에 있는 스프링뱅크 증류소 앞 풍경입니다.

캠벨타운의 인구수는 4,000여 명. 한 집 건너 한 집이면 모두가 아는 사이입니다. 캠벨타운에서 완벽한 비밀은 없습니다. 증류소 한정판 제품들의 출시 정보도 은연중에 노출될 수밖에 없겠지요. 스코틀랜드는 국내법과 달리 개인 간 주류 거래가 합법입니다. '돈 되는 위스키'가 출시되는 날이면 '리셀러'들이 나타납니다. 비바람이 몰아치는 겨울이라고 예외는 없습니다. 증류소가 과도한 재판매를 방지하기 위해 내놓은 대책은, 한 사

스프링뱅크 증류소.

람당 일주일에 한 병만 구매할 수 있게 한 것.

위스키 애호가라면 스프링뱅크 증류소 제품을 싫어하긴 어렵습니다. 적당한 달콤함과 짭조름함, 입에 휙휙 감기는 감칠맛에 가벼운 피트까지. 스프링뱅크 제품을 한 번도 안 마셔본 사람은 있어도 한 번만 마신 사람은 없을 것입니다. 수요가 많다 보니 위스키 가격은 출시와 동시에 시가로 변합니다. 대체 어떤 비법으로 사람들의 입맛을 사로잡았는지 알아보기 위해 직접 증류소에 찾아가봤습니다.

아드쉬엘 호텔의 몰트 바.

## 서울에서 캠벨타운까지 27시간

서울에서 글래스고까지 '도어 투 도어' 꼬박 24시간. 렌터카로 캠벨타운까지 비포장도로를 굽이굽이 또 세 시간. 왕복 2차로 도로 반대편에서 매섭게 달려오는 차들을 간신히 피하다보면 캠벨타운에 도착합니다. 파란 하늘을 바랐던 것은 아니지만, 비가 추적추적 내리는 전형적인 스코틀랜드의 겨울 날씨였습니다.

숙박을 위해 찾은 아드쉬엘Ardshiel 호텔은 증류소에서 도보로 10분 거리에 있는 곳입니다. 증류소를 방문할 때 차는 짐입니다. 인심 좋은 증류소들이 대부분 운전자를 위해 바이알 키트를 준비해주지만, 현장에서 마시는 위스키만큼 맛있는 게 없습니다. 웬만하면 증류소 인근에 숙소를 잡는 게 좋습니다. 이곳을 선택한 또 하나의 이유는 호텔 내에 있는 몰트 바입니다. 스코틀랜드가 아니면 구경조차 하기 어려운 진귀한 제품들을 비교적 저렴한 가격에 마실 수 있기 때문입니다.

## 캠벨타운의 흥망성쇠

공식적으로 1591년 위스키 생산을 시작한 캠벨타운은 불법 증류와 밀수의 중심지로 발전합니다. 빅토리아 시대, 세계 위스키의 수도로 불렸던 캠벨타운에는 30개가 넘는 증류소가 가동됐습니다. 보리 재배를 위한 비옥한 땅, 이탄습지, 증류소의 주요 수원지인 크로스힐 호수 등 위스키 산업에 최적화된 환경을 갖춘 곳이었죠. 게다가 무역을 위한 항구까지 갖췄으니 1800년대 캠벨타운은 위스키의 황금기를 이끌기에 충분했습니다. 당시 전 세계적으로 블렌디드 위스키의 인기를 견인했던 킬마녹의 존 워커까지 이곳의 원액을 사 갔다고 합니다. 1887년까지 연간 900만 리터의 위스키를 생산하며 영국에서 일인당 소득이 가장 높은 도시였던 캠벨타운에서 1828년, 열네 번째로 합법적인 증류를 허가받은 곳이 바로 이곳 스프링뱅크 증류소입니다.

하지만 인기는 오래가지 못합니다. 증류소들은 늘어나는 위스키 수요를 충족시키기 위해 비용 절감에 들어갑니다. 위스키의 맛이 떨어질 수밖에 없었겠죠. 입맛이 귀신같았던 당시 위스키 블렌더들이 자연스럽게 등을 돌렸고, 가볍고 화사한 스페이사이드 위스키가 인기를 끌면서 캠벨타

운의 열기는 식어갑니다. 캠벨타운 특유의 다소 무겁고 기름진 듯한 위스키의 유행이 끝난 셈이죠. 엎친 데 덮친 격으로 1919년 미국의 금주법이 시행되고 1930년대 대공황까지 겹쳐 대부분의 증류소는 문을 닫습니다. 오늘날 남은 증류소는 단 세 곳. 스프링뱅크, 글렌스코시아 그리고 글렌가일 증류소뿐입니다.


## 100퍼센트 플로어 몰팅, 보리 경작부터 병입까지 한 곳에서

미첼 가문이 5대째 가족 운영을 하고 있는 스프링뱅크 증류소는 전통을 중요시합니다. 보리 경작부터 병입까지 모든 게 100퍼센트 증류소에서 이뤄지는 곳이죠. 심지어 위스키 라벨까지 손수 부착합니다. 삐뚤어지거나 긁힌 정도의 라벨 불량에는 아무도 불만을 품지 않습니다. 심지어 최근에는 케이스도 없이 소위 '알병'으로만 출시되는 제품들도 많습니다. 종이 케이스 접을 시간에 위스키 맛에 더 투자하겠다는 의지로 보입니다.

스프링뱅크 증류소는 스코틀랜드에서 유일하게 100퍼센트 플로어 몰팅을 유지하는 곳입니다. 적게 생산하더라도 전통을 유지하며 확실하게 만들겠다는 뜻이겠지요. 라프로익이나 발베니 증류소도 사람이 손수 맥아를 뒤집고 있긴 하지만, 이는 전체 물량의 20퍼센트 수준에 불과합니다. 스프링뱅크의 연간 위스키 생산량은 약 75만 리터. 매년 2,100만 리터씩 뽑아내는 글렌피딕 같은 대형 증류소들의 거의 1/30수준입니다.

증류소에 들어서면 모든 게 낡고 더럽습니다. 스페이사이드나 하이랜드 지역의 깨끗하고 세련된 증류소를 경험했다면, 스프링뱅크는 모든 것을 역행합니다. 그렇다고 딱히 깨끗하게 유지하고 싶은 생각도 없어 보입니다. 사람의 손길이 닿지 않은 곳이면 여지없이 거미줄과 소복하게 쌓인 먼지가 눈에 들어옵니다. 심지어 보리 창고에 들어왔다가 철망에 끼어 죽은 새조차도 그대로 증류소 일부가 되었습니다. 증류소 직원들은 '박제된 새'에게 별명까지 지어줬으니, 그들의 낙천성이 위스키 맛의 비법인가 싶기도 합니다. 영국의 전설적인 그룹 비틀스의 '렛 잇 비' 가사가 떠올랐습니다. '모든 것을 그냥 자연의 순리에 맡겨라.'

## 스프링뱅크의 핵심 제품군

스프링뱅크는 과거 캠벨타운에서 사라진 증류소들의 이름을 따온 제품들도 생산하고 있습니다. 그중 롱로우Longrow는 강력한 피트를 담당하고, 헤이즐번Hazelburn은 피트가 전혀 안 들어간 논 피트 브랜드로 자리를 잡았습니다. 일반 스카치위스키의 경우 총 2회 증류한 원액을 오크통에 숙성하지만, 스프링뱅크는 총 2.5회, 롱로우는 2회, 헤이즐번은 3회를 증류합니다. 보통 증류를 거듭할수록 스피릿이 가벼워지고 산뜻해져 세련된 느낌을 줍니다. 하지만 과도한 증류는 자칫 풍미까지 잃을 수 있어 적당한 완급 조절이 필요합니다. 스프링뱅크 특유의 복합적인 캐릭터가 만들어질 수 있는 요소 중 하나가 증류라고 볼 수 있겠죠.

스프링뱅크의 핵심 제품군은 10년, 15년, 18년, 21년의 싱글 몰트로

스프링뱅크 증류소의 몰트 플로어.

구성돼 있습니다. 25년과 30년도 극소량으로 출시되지만, 증류소가 아니면 구경조차 어렵습니다. 이 외에도 12년 숙성의 캐스크 스트렝스, 지역 보리만을 사용한 로컬 발리Local Barley 등이 있습니다. 문제는 총생산량이 워낙 적고 수요는 많다 보니 스코틀랜드 현지인들도 출시가에 구하기가 어렵다는 점입니다.

스프링뱅크는 버번 오크통을 즐겨 씁니다. 오묘한 훈연 향이 밴 달콤하면서 짭조름한 스피릿과 오크통의 조화도 좋습니다. 버번 오크통 특유의

스프링뱅크 증류소의 숙성 창고 모습.

잘 익은 복숭아 같은, 핵과류의 향긋함이 위스키에 고스란히 묻어나는 느낌입니다. 말미에 오묘하게 달려 있는 피트 풍미가 스프링뱅크 특유의 대체 불가능한 맛을 완성합니다. 셰리, 럼, 와인 등 다양한 오크통도 사용하지만 그 출발점에는 늘 버번 오크통이 있습니다. 15년 제품만 유일하게 100 퍼센트 셰리를 고집하고 그 외에는 매년 혼합 비율이 조금씩 바뀝니다.

## 발리 투 보틀

스프링뱅크 증류소에는 비밀이 없습니다. 1828년부터 묵묵히 자리를 지켰던 오랜 양조 시설과 제조의 모든 과정이 공개된 곳이죠. 이곳의 하이라이트는 '발리 투 보틀Barley to Bottle'이라는 증류소 투어. 네 시간 반에 걸친 증류소 체험과 식사를 포함해 마지막에는 스프링뱅크 증류소에서 나온 다양한 원액을 섞어서 나만의 위스키를 만들 수 있는 프로그램입니다.

이 프로그램에서 제공되는 블렌딩용 위스키는 버번, 셰리, 소테른, 포트, 럼 그리고 퍼스트 필 셰리 오크통에서 숙성한 10년 언저리의 제품들입니다. 총 여섯 가지 샘플에 담긴 위스키를 각자가 원하는 비율로 혼합해 700밀리리터 보틀에 담으면 완성입니다. 이것저것 욕심내서 벌컥벌컥 마시면 후반부에 혀의 미각이 둔해집니다. 자칫 이 맛도 저 맛도 아닌 이상한 술이 만들어질 수 있으니 소량씩 제조해서 맛보는 것을 추천합니다. 프로그램의 취지에 맞게 최소 두 가지 이상의 원액을 섞어야 한다는 점.

다양한 원액을 섞어 나만의 위스키를 만드는 투어 프로그램.

이 외에도 투어 중간에 스프링뱅크, 롱로우, 헤이즐번에서 출시된 30년 언저리의 초고숙성 제품을 맛볼 수 있다는 것은 덤이지요.

스프링뱅크 증류소에 '하이테크'는 없었습니다. 하나부터 열까지 모든 과정이 사람 손을 거쳤고, 수년에 걸쳐 보존되고 유지되어온 낡은 기계들 뿐이었습니다. 전 세계 위스키 애호가들의 마음과 입맛을 사로잡은 스프링뱅크의 비밀은 그저 위스키에 대한 애틋한 마음과 정성이었습니다.

인터뷰 4

## 옌스 드레비치

# 성공적인 금쪽이 연구소 '산시바'

서울 연희동 '로엔히' 사무실에서 만난 산시바의 옌스 드레비치 대표.

10년 넘게 다니던 단골집에서 평소 알던 맛이 안 날 때, 손님들의 반응은 냉정합니다. 식당에 남다른 애정이 있던 손님이라면 아마 몇 가지 실망스러운 단어들을 나열하며 혀를 찼을지도 모르겠습니다.

위스키 증류소도 맛의 일관성에서 자유롭기 어렵습니다. 위스키 맛의 70퍼센트 이상은 오크통이 결정합니다. 사람이 30퍼센트를 하면 나머지는 오크통과 천사들의 몫인 셈이죠. 흔히 위스키는 자연이 빚어낸 술이라고 표현합니다. 그래서 가끔 예상치 못한 뜻밖의 결과물이 나옵니다. 한날한시 똑같은 오크통에서 숙성한 위스키도 맛이 전부 다를 수 있습니다. 숙성고 내 오크통이 놓인 위치나 특성 등에 따라 알코올의 도수까지 바뀌기도 합니다.

증류소마다 추구하는 방향성이 있습니다. 하지만 수천수만 개의 오크통에서 숙성 중인 위스키가 다 뜻대로만 되지는 않습니다. 그래서 마스터 블렌더가 노선을 벗어난 친구들에게 '올바른 길'을 안내해주기도 합니다. 이는 여러 오크통에서 숙성 중인 위스키를 섞어서 증류소의 성격에 맞게 맛을 바로 잡아주는 행위입니다. 하지만 이마저도 쉽지 않을 때가 있습니다. 가끔 증류소의 기조에 맞지 않아 이러지도 저러지도 못하는 애물단지들이 만들어지기도 합니다. 그렇다고 수십 년간 돈 들여서 애지중지 키워온 자식을 버릴 수도 없는 노릇입니다. 증류소의 방향성과 결이 다를 뿐 맛이 없는 것은 아니기 때문입니다.

## 전 세계 위스키 애호가의 입맛을 사로잡은 '옌스 드레비치 대표'

이런 '금쪽이'들만 전문적으로 매입하는 사람들이 있습니다. 바로 독립 병입자들입니다. 그들은 증류소가 내놓은 매물들을 본인들의 취향에 맞게 선별해, 시장에 재판매하는 사람들입니다. 편집숍이라고 생각하면 이해하기가 쉽습니다. 지난 5일 사업차 한국을 방문한 독립 병입자 '산시바Sansibar'의 옌스 드레비치 대표를 만났습니다. 그는 독일의 오랜 위스키 애호가로 동업자인 카스텐 에어리히Carsten Ehrlich와 함께 '림부르크 위스키 박람회'의 주최자이기도 합니다. 2002년 출범 이후 올해 22회째를 맞고 있는 독일의 림부르크 위스키 박람회는 희귀 위스키를 다루는 세계 최대 규모 행사 중 하나입니다.

20년 넘게 독립 병입 사업을 해온 옌스는 철저하게 위스키를 맛으로만 평가합니다. 그는 증류소에서 들어오는 제안 중 90퍼센트 이상은 모두 거절할 정도로 오크통을 엄선해서 구매하고 있습니다. 직접 맛을 안 본 제품은 절대 구매하지 않는 그와 전 세계 위스키 애호가들의 입맛을 사로잡은 비법에 관해 이야기를 나눠봤습니다.

**보통 독립 병입 위스키가 어떤 과정을 거쳐 우리 손에 들어오는지, 독립 병입 회사들이 하는 일에 대해서 간단하게 알려주세요.**

오크통을 고르기만 하면 모든 공정은 스코틀랜드에서 이루어집니다. 스코틀랜드에서 병입된 위스키는 독립 병입자들의 물류 창고로 배송된 후 각각의 업체나 개인에게 출고되는 구조입니다. 저희는 수출입을 관리하고 수수료와 병 라벨지의 삽화 작업만 하면 됩니다. 오크통을 고르는 게 가장 큰 과업인 셈이죠. 현재 독일 베를린에 있는 산시바 창고에서 약 4만 병이 출고를 기다리고 있습니다.

**언제부터 위스키를 마시기 시작했나요?**

1995년이었어요. 저는 금융업에서 일을 시작했습니다. 당시 스코틀랜드 고객이 한 명 있었는데, 자신과 위스키를 마셔야만 계약서에 서명해준다는 조건을 걸었어요. 당연히 마신다고 했죠. 그때부터 위스키를 마셨어요. 그가 꺼낸 제

독일 쉴트섬에 위치한 산시바 레스토랑. 산시바는 주로 정치인, 영화배우, 운동선수 등 유명인들
이 즐겨 찾는 곳이다. 칼자루 두 개를 포개놓은 간판이 산시바의 로고가 됐다. ©sansibar

품은 오래된 라프로익 10년이었어요. 아주 맛있더라고요.

**이 업계에 발을 들이게 된 계기와 산시바라는 브랜드는 언제부터 만들어
졌는지 궁금합니다.**

2000년부터는 술을 수집하기 시작했고, 2007년 '더 위스키 에이전시The Whisky
Agency'의 설립자인 카스텐 에어리히를 만났어요. 그는 이미 오크통을 사고팔
고 있었고 저에게도 독립 병입 시장에 대해 가르쳐줬어요. 저희는 수많은 오
크통을 직접 맛보고 분류해 그에 맞는 가치를 매겼습니다. 모든 오크통에 대
한 정보를 한눈에 알아볼 수 있게 인덱스를 만든 셈이죠. 그렇게 산시바라는
브랜드가 2011년에 만들어졌습니다.

**업계 진입이 쉽지 않았을 것 같아요. 이름 없는 독립 병입 회사 제품을 고**

객들이 살 이유도 없고요. 산시바 출범 당시 집중적으로 노렸던 시장이 있었는지요.

저희는 레스토랑이나, 바에 들어가는 위스키를 찾았어요. 음식과도 페어링이 가능한 제품을 원했던 것이죠. 심오하게 각 잡고 마시는 위스키가 아닌 쉽게 마실 수 있는 위스키. 저희 슬로건 중 하나가 '이지 드링킹easy drinking'입니다. 하지만 동시에 위스키 애호가들까지 만족시킬 수 있는 하이엔드 제품들도 다루고 싶었습니다.

독일의 고급 휴양지인 쉴트Sylt섬에 산시바라는 식당이 있습니다. 산시바는 주로 정치인, 영화배우, 운동선수 등 유명인들이 즐겨 찾는 곳입니다. 산시바가 가진 수천만 원짜리 와인 리스트나 음식은 정말 환상적이었어요. 하지만 그에 걸맞은 위스키나 럼 등의 음료가 없었던 것이죠. 저희는 틈새시장을 공략해 산시바만을 위한 위스키를 제공하려고 했습니다.

하지만 산시바 주인은 매번 수백수천 병의 위스키를 판매할 자신이 없다고 했어요. 보통 오크통 하나에서 300여 병의 위스키가 나오거든요. 그래서 저희는 식당의 로고를 사용하는 대신 업장에 딱 필요한 만큼의 위스키를 제공했고 산시바의 문패로 독립적인 브랜딩을 시작한 것입니다. 현재 독일, 유럽은 물론 대만, 일본 등 세계 시장에서 활동하고 있습니다.

**산시바 브랜드 출범 이후 최초로 식당에 납품한 제품들에는 어떤 것들이 있었나요?**

부나하벤 21년 셰리 포함 총 여섯 종이었습니다. 클라이넬리쉬, 탐두, 글렌키스, 럼 등이 포함돼 있었어요. 전부 알코올 도수 46퍼센트로 병입된 제품들이 었죠. 식당에 납품할 제품들이라 마시기 편하게 물로 어느 정도 희석된 제품들이었어요. 반응이 굉장히 좋았습니다. 제품들은 금세 완판됐고 빠르게 소비

산시바의 파이니스트 위스키 베를린(Finest Whisky Belrin) 시리즈. 라벨에 수채화로 증류소 그림을 그려 넣은 모습. ©sansibar

됐던 걸로 기억하고 있습니다.

**증류소 위스키와 독립 병입 위스키가 가진 결정적인 차이에 대해 알려주세요.**

저희는 트러플Truffel 찾는 돼지랑 비슷해요. 뚜렷한 취향을 가진 사람들을 위한 오크통을 선별하는 작업을 하는 셈이죠. 보통 증류소들은 20~30년 전 맛을 똑같이 재연하는 데 목적이 있습니다. 일관성 있는 맛을 유지하는 게 중요한 작업이죠. 저희는 매번 새로운 영역을 개척해 소비자들에게 다양한 경험을 선사하려고 합니다. 물론 양질의 위스키라는 전제 조건 안에서요.

**증류소들이 오크통을 반출하는 이유에는 어떤 것들이 있을까요?**

당연하겠지만, 일단 돈 버는 데 목적이 있습니다. 이유는 다양합니다. 위스키의 과잉 생산으로 물량이 넘치거나 품질 문제로 오크통을 판매하는 경우도 있습니다. 그렇다고 이러한 오크통이 나쁘다는 의미는 아닙니다. 단순히 증류소 특성이나 기조에 안 맞는 오크통인 셈이죠. 저희에게는 매력적으로 다가오는 제품군입니다.

과거 증류소들이 어려웠던 시절에는 빚 갚는 데 사용되기도 했습니다. 오크통으로 부족한 돈을 충당했던 것이죠. 오늘날에는 오크통을 외부로 반출하지 않는 증류소들도 늘고 있습니다. 스프링뱅크 증류소가 대표적입니다. 원액 자체가 없어서 못 파는 곳이죠.

**독립 병입 위스키 라벨을 보면 증류소 이름이 안 쓰여있거나, 단순히 지역명만 써놓기도 합니다. 은근슬쩍 증류소를 그림으로 그려 넣기도 하고요. 특히 유명한 증류소일수록 이름을 숨기는 경향이 있어요.**

증류소 이름은 저작권 문제 때문에 그렇습니다. 오크통을 구매할 때 보통 세 가지로 분류됩니다. 먼저 저작권 문제가 해결된 제품. 이럴 경우는 증류소 이름을 라벨에 표기할 수 있는 상황이죠. 또 내용물은 알지만, 증류소 이름을 밝혀지면 안 되는 제품. 알아도 모르는 척해야겠죠. 그리고 마지막으로 아무런 정보가 없는 제품이 있습니다. 물론 마셔보면 어느 정도 예상은 할 수 있습니다. 하지만 저희도 굳이 저작권을 어겨가며 라벨에 증류소 이름을 표기할 이유는 없습니다. 그림은 창작물의 영역이라 저작권으로부터 어느 정도 자유로울 수 있습니다. 아무래도 줄타기를 잘해야겠죠.

**여러 원액으로 블렌딩뿐만 아니라 피니싱 작업도 따로 하시는지. 조만간 국내에 출시되는 블렌디드 위스키인 '산시바 21년'에 들어가는 원액도 알려주시면 좋을 거 같습니다.**

물론 블렌딩은 합니다. 산시바 21년은 글렌로시스, 몰트락, 맥캘란 그리고 노스브리티스 증류소 제품들을 블렌딩한 셰리 위스키입니다. 몰트 함량이 40퍼센트 정도 됩니다. 개인적으로 실험적인 위스키를 좋아하지는 않습니다. 리랙킹, 피니싱 작업 등은 따로 하지 않습니다. 이미 완성된 맛을 찾는 편입니다.

**어떤 기준으로 위스키 맛을 평가하고 오크통을 구매하는지 궁금합니다. 운동화 매장에서 신발 사는 거랑은 다르잖아요. 오크통이 한두 푼 하는 것도 아닌데, 확신이 서는 순간이 있을까요?**

위스키를 마시다 보면 취향이 조금씩 바뀌기도 합니다. 딱 잘라서 말하기는 어렵지만, 개인적으로 은은하면서 우아한 위스키를 선호합니다. 아일라 위스키의 경우 과일 맛이 풍부한 제품. 셰리 위스키는 나무 맛이나 셰리 영향력이 너무 강하지 않고 드라이한 제품을 선호합니다. 버번 오크통에서는 열대과일 맛을 좋아하는 편이고요. 클라이넬리쉬 특유의 왁시한 맛도 좋습니다. 하지만 이마저도 조금씩은 바뀝니다.

지금까지 못해도 1만 개 이상의 위스키는 마셔본 거 같아요. 다양한 위스키를 접하다 보면 자연스럽게 좋은 위스키가 어떤 건지 본능적으로 느껴집니다. 가끔 숙성 연수나 오크통의 종류에 상관없이 뛰어난 제품들이 나오기도 해요. 위스키의 품질과 관련해서는 무엇보다 경험이 가장 중요합니다.

주류 박람회가 열리면 여러 사람이 저에게 다양한 샘플들을 가져옵니다. 대부분 맛이 어떤지 평가해달라는 주문들이죠. 이제는 위스키 좋아하는 사람들의 입맛을 어느 정도 찾은 거 같습니다. 여러 방면에서 타율이 높은 편입니다.

**한때 싸고 맛있는 위스키를 건질 수 있는 시장이 독립 병입 위스키였습니다. 하지만 지금은 증류소에서 출시되는 오피셜 제품들과 큰 차이가 없을**

정도로 비싸졌어요. 또 품질 좋은 셰리 오크통이 갈수록 귀해지는 분위기예요. 위스키 가격도 천정부지로 오르고 있고요. 이런 상황에서 회사를 운영하는 게 쉽지만은 않을 것 같습니다.

최근 3년 동안 들어오는 제안의 90퍼센트를 거절했어요. 증류소들이 황당한 제품을 너무 비싼 가격에 판매하려고 한 것이죠. 정말 가끔은 선 넘는 제안들이 들어오기도 해요. 전체적으로 시장 가격이 붕 떠 있는 느낌이에요. 이런 기조가 얼마나 갈지는 저희도 지켜보려고 합니다.

그래도 저희는 꾸준히 매력적인 제안을 받아오고 있습니다. 가끔 가격이 조금 비쌀 때도 있습니다. 물론 그에 합당한 제품이라면 얼마든지 매입하기도 합니다. 그 제품의 가치를 알아주는 수요도 얼마든지 있기 때문입니다. 증류소는 당연히 소량보다는 대량으로 거래하는 독립 병입자들을 선호합니다. 어느 정도 신뢰를 트면 자연스럽게 합리적인 가격의 좋은 오크통들을 제안받게 됩니다. 가격도 서로 절충안을 찾을 수 있는 관계가 만들어지는 것이죠. 모든 사업이 그렇듯 제일 중요한 것은 신뢰와 원만한 인간관계입니다.

**많은 사람이 독립 병입된 위스키를 고를 때 브랜드를 보고 사는 경향이 있습니다. 하지만 가끔 황당할 정도로 이상한 제품들을 만날 때가 있습니다. 사람마다 입맛이 다르다곤 하지만, 맛있는 위스키에는 호불호가 없는 것 같습니다. 독립 병입 위스키를 고를 때 성공률을 높일 방법이 있을까요?**

전문가나 경험자들에게 조언을 구하고 많이 물어보는 게 가장 효과적입니다. 인터넷을 조금만 검색해도 여러 종류의 위스키 리뷰가 있습니다. 최대한 여러 정보를 취합해야 합니다. 하지만 이 또한 훈련과 공부의 영역입니다. 여러 가지 맛을 경험해야 내가 어떤 위스키를 좋아하고 싫어하는지를 판단할 수 있기 때문입니다. 박람회나 위스키 시음회 등 다양한 방법을 통해 취향에 맞는 독립 병입자를 찾는 것이죠. 만약 어느 정도 윤곽이 그려졌다면 해당 브랜드의 제품을 조금씩 사보는 것도 방법입니다. 보통 그들도 본인들의 명성에 해가 되는 위스키를 병입하지는 않을 것입니다.

입국과 동시에 한국의 치킨을 먹고 싶어 했던 옌스 대표. 인터뷰를 마치고 치킨을 한입 베어 문 그의 모습은 천진난만했습니다. 하지만 위스키를 마실 때는 마치 원액의 모든 성분을 해부하는 듯한 섬세한 모습을 보이기도 했습니다. 긴 인터뷰 시간에도 웃음과 긍정적인 에너지를 놓치지 않았던 옌스는 위스키는 경험이 중요하다는 말을 재차 강조했습니다.

위스키 애호가들 사이에서 독립 병입 위스키는 '지뢰밭'이라는 표현을 사용합니다. 그만큼 미지의 영역이고 예상했던 맛과 전혀 다른 결과물이 나타나기 때문입니다. 하지만 미개척지를 개간하는 데서 오는 짜릿함과 그 변동성을 즐길 수 있다면 이보다 재미있는 탐험도 없을 것입니다. 모두가 열광하는 싱글 몰트위스키 대열에서 살짝 다른 길을 가고 싶다면 독립 병입 위스키를 추천합니다. 물론 그 과정이 순탄치만은 않을 수도 있습니다.

# 위스키 용어

## 스카치위스키

스카치위스키협회의 규정에 따라 곡물, 물, 효모 총 세 가지 재료로 만든 증류주다. ①반드시 스코틀랜드에서 만들 것, ②오크통에서 3년 이상 숙성할 것, ③병입할 때 알코올 도수가 최소 40도 이상일 것 등이 스카치위스키협회에서 정한 필수 규정이다.

## 싱글 몰트위스키

단일 증류소에서 100퍼센트 보리만을 사용해서 만든 위스키다. 증류 시 반드시 단식 증류기를 사용해야 한다.

## 싱글 그레인위스키

단일 증류소에서 혼합 곡물을 사용해서 만든 위스키다. 보통 연속식 증류기를 사용한다.

## 블렌디드 위스키

몰트위스키와 그레인위스키를 섞은 술.

## 블렌디드 몰트위스키

두 곳 이상의 증류소에서 생산된 몰트위스키를 섞은 술.

## 버번위스키

미국 정부가 정한 규정에 따라 옥수수를 주원료로 해서 만든 증류주다. ①버번은 최소 51퍼센트의 옥수수로 만들 것 ②속을 태운 새 오크통에서 숙성할 것 등이 미국 정부에서 정한 필수 규정이다.

## 라이 위스키

버번위스키와 제작 방식이 유사하지만, 호밀

의 비중이 51퍼센트 이상을 차지해야 한다.

## 캐스크 스트렝스

위스키의 최종 병입 단계에서 물을 첨가하지 않은, 평균 알코올 도수 50~60퍼센트의 위스키.

## 싱글 캐스크

단 하나의 오크통에서 꺼내 병입한 위스키.

## 몰트

싹틔워 건조한 보리.

## 스피릿

발효한 맥아를 증류시켜 얻은 증류액. 이것을 오크통에 담아 숙성하면 위스키 원액이 된다.

## 스피릿 세이프

위스키의 증류 과정을 통제하고 제어할 수 있는 장치.

## 나스

'None Age Statement'를 줄여서 나스NAS라고 부르며 숙성 연수를 표기하지 않는다는 뜻이다.

## 피트

이탄. 나무뿌리, 풀, 이끼 같은 식물의 잔해들이 수천 년에 걸쳐 축적되면서 만들어진 퇴적물을 말한다. 석탄이 되지 못하고 습지에 축적되면서 단단한 점토 형태를 이루고 있다. 위스키를 만드는 과정에서 피트를 태워 보리에 향을 입히는 데 쓰인다. 스카치의 성지, 스코틀랜드에만 약 170만 헥타르의 이탄습지가 있다. 그중 약 4퍼센트가 위스키 산업에 사용된다.

## 헤이즈
위스키가 탁해지는 현상. 알코올 도수 46퍼센트 이하의 위스키는 저온에서 뿌옇게 변한다. 물이나 얼음을 첨가했을 때 쉽게 볼 수 있다. 단백질과 지방산 등이 물과 온도에 반응한 것이다.

## 칠 필터링
냉각 여과. 헤이즈 현상을 막기 위해 위스키 제조 과정에서 생성되는 지방산이나 단백질 등을 걸러내는 공정으로 이러한 냉각 여과를 거친 위스키는 혹한의 상황에서도 깨끗하고 맑은 상태를 유지한다.

## 피니싱 기법
하나의 오크통에서 숙성 중이던 위스키를 다른 통으로 옮겨 추가 숙성하는 방법. 보통 위스키의 최종 풍미를 강화하거나 복합적인 맛을 내기 위해 쓰는 방법이다.

## 매링
두 개 이상의 오크통에서 숙성된 위스키를 섞은 뒤 병입 전 안정화하는 단계. 보통 5만 리터 이상의 대형 스테인리스 통이 사용된다.

## 엔트리급
스카치위스키는 보통 10년에서 12년 숙성의 위스키를 엔트리급으로 분류한다. 각 증류소에서 나오는 가장 낮은 등급의 위스키인 셈이다. 증류소가 가진 원액의 특징을 합리적인 가격에 엿볼 수 있다.

## 올드 보틀
사람마다 기준이 조금씩 다르지만 보통 1960~1990년대 이전에 병입된 위스키 제품들을 말한다. 시중 제품의 라벨이나 디자인이 바뀌어도 이전 제품을 올드 보틀이라고 부르기도 한다.

## 쿠퍼
오크통을 생산·관리·수리하는 사람.

## 쿠퍼리지
오크통을 생산·관리·수리하는 곳.

## 쿼터 캐스크(45~50리터)
보통 배럴의 ¼ 크기를 쿼터 캐스크라고 부른다. 주로 스카치위스키를 단기 숙성하거나 피니싱하는 용도로 사용한다.

## 배럴(190~200리터)
버번위스키를 숙성하는 데 사용하는 오크통. 아메리칸 스탠더드 배럴이라고도 부른다.

## 혹스헤드(225~250리터)
스카치위스키를 숙성하는 데 가장 많이 사용되는 오크통. 보통 배럴을 분해해 스타브를 추가하고 250L 사이즈로 재조립한다.

## 셰리 버트(475~500리터)
셰리 와인 숙성에 쓰이는 오크통. 또한 스카치위스키를 장기 숙성할 때 쓰이는 편이다.

당신의 취향을 찾아주는 위스키 안내서

# 위스키디아

**펴낸날** 초판 1쇄 2024년 10월 30일

**지은이** 김지호

**펴낸이** 임호준
**출판 팀장** 정영주
**책임 편집** 김은정 | **편집** 조유진 김경애
**디자인** 김지혜 | **마케팅** 길보민 정서진
**경영지원** 박석호 유태호 신혜지 최단비 김현빈

**인쇄** (주)웰컴피앤피

**펴낸곳** 비타북스 | **발행처** (주)헬스조선 | **출판등록** 제2-4324호 2006년 1월 12일
**주소** 서울특별시 중구 세종대로 21길 30 | **전화** (02) 724-7633 | **팩스** (02) 722-9339
**인스타그램** @vitabooks_official | **포스트** post.naver.com/vita_books | **블로그** blog.naver.com/vita_books

**ISBN** 979-11-5846-426-4  03590

비타북스는 독자 여러분의 책에 대한 아이디어와 원고 투고를 기다리고 있습니다.
책 출간을 원하시는 분은 이메일 vbook@chosun.com으로 간단한 개요와 취지, 연락처 등을 보내주세요.

**비타북스** 는 건강한 몸과 아름다운 삶을 생각하는 (주)헬스조선의 출판 브랜드입니다.